rororo

Marie Kondo arbeitet als selbständige Beraterin für Aufräumen und Ordnung. Nach dem Studium begann sie, die «KonMari-Methode» zu entwickeln, aus der mehrere Weltbestseller hervorgingen. Das *Time Magazine* zählte sie zu den 100 einflussreichsten Frauen weltweit. Ihre Bücher wurden in fast 40 Sprachen übersetzt; ihre Aufräumserie bei Netflix fand international große Resonanz. Marie Kondo lebt mit ihrer Familie in Kalifornien.

Scott Sonenshein ist Professor an der Rice University School of Business mit dem Forschungsschwerpunkt «Positive Organizations». Er studierte an der University of Michigan, der University of Cambridge und der University of Virginia. Scott arbeitete als Strategieberater für Unternehmen wie Microsoft und AT&T und schreibt regelmäßig für die *New York Times*, das *Time Magazine*, die *Fast Company* und die Harvard Business Review. Er lebt mit seinen beiden Töchtern und seiner Frau Randi in Houston, Texas.

Marie Kondo · Scott Sonenshein

Glücklich im Job glücklich im Leben

So bringen Sie Ordnung, Struktur und Motivation in Ihren Arbeitsalltag

Aus dem Englischen von
Antoinette Gittinger, Ursula Pesch,
Rita Gravert und Katja Hald

Rowohlt
Taschenbuch
Verlag

Die englische Originalausgabe erschien 2020 unter dem Titel
«Joy at Work – Organizing your Professional Life» bei Little,
Brown Spark, Hachette Book Group Inc.

Veröffentlicht im Rowohlt Taschenbuch Verlag, Hamburg, Januar 2022

Covergestaltung zero-media.net, München
Coverabbildung FinePic®, München
Satz Karmina Sans bei Dörlemann Satz, Lemförde
Druck und Bindung GGP Media GmbH, Pößneck, Germany
ISBN 978-3-499-00268-7

Die Rowohlt Verlage haben sich zu einer nachhaltigen Buchproduktion verpflichtet. Gemeinsam mit unseren Partnern und Lieferanten setzen wir uns für eine klimaneutrale Buchproduktion ein, die den Erwerb von Klimazertifikaten zur Kompensation des CO_2-Ausstoßes einschließt.
www.klimaneutralerverlag.de

FSC
www.fsc.org
MIX
Papier aus verantwortungsvollen Quellen
FSC® C014496

Für meine Familie, mein Zuhause und all das,
was mich trägt und mein Leben mit Freude
erfüllt – voller Dankbarkeit.
– M. K.

Für meine Mom und meinen Dad:
Endlich habe ich gelernt aufzuräumen!
– S. S.

Inhalt

Einleitung

Ächzt Ihr Schreibtisch unter Stapeln von Papier? *Ach du lieber Himmel! Wo ist nur der Bericht, den ich morgen einreichen muss?*
Quillt Ihr Posteingang über, obwohl Sie regelmäßig Ihre Mails checken? «Ich beziehe mich auf die E-Mail, die ich Ihnen gestern geschickt habe ...» *Welche E-Mail?*

Ist Ihr Kalender vollgestopft mit Meetings, deren Teilnehmer Sie eigentlich gar nicht sehen wollen?

Machen Sie trotzdem jeden Tag genau so weiter, weil Sie nicht wissen, was Sie sich wirklich wünschen?

Fällt es Ihnen schwer, sich zu entscheiden?

Fragen Sie sich öfter: Ist das alles im Leben – Dinge auf einer To-do-Liste abzuhaken? Gibt es denn keine Möglichkeit, wieder Ordnung in Job, Karriere und Leben zu bringen?

Wenn das der Fall ist, gibt es eine Lösung: Aufräumen!

Dieses Buch handelt jedoch nicht einfach nur vom Aufräumen Ihres Arbeitsplatzes. Es beschäftigt sich auch damit, wie Sie sämtliche Aspekte Ihres Jobs ordnen können, einschließlich Ihrer digitalen Daten, Ihres Zeitmanagements, der Entscheidungsfindung und Ihrer Netzwerke. Und es handelt davon, wie Sie Ihren Berufsalltag mit Freude erfüllen können.

Viele Menschen wehren sich schon bei der bloßen Anregung aufzuräumen. «Dafür habe ich wirklich keine Zeit! Mir wächst die Arbeit jetzt schon über den Kopf», protestieren sie. «Ich muss zu viel entscheiden, bevor ich überhaupt ans Aufräumen denken kann», sagen einige, während andere behaupten: «Ich habe es wirklich versucht und all meine Unterlagen geordnet, aber jetzt herrscht schon wieder völliges Chaos!»

Viele Menschen glauben einfach nicht, dass ihnen ihre Arbeit Freude machen kann. «Ich stecke den lieben langen Tag in sinnlosen Meetings. Auch Aufräumen wird daran nichts ändern», beharren sie. «Außerdem liegt vieles nicht in meiner Hand. Wie soll ich da Spaß bei der Arbeit haben?» Tatsache ist jedoch, dass richtiges Aufräumen genau dabei helfen kann.

Seit meinem fünften Lebensjahr fasziniert mich das Thema Aufräumen. Es begleitete mich meine gesamte Schulzeit, und schon mit neunzehn, als ich noch studierte, wurde ich Aufräumcoach. Aus den dabei gesammelten Erfahrungen entstand schließlich die KonMari-Methode.

Meine Herangehensweise zeichnet sich durch zwei wichtige Merkmale aus: Zum einen ist sie einfach, aber effektiv, sodass die Unordnung nie mehr überhandnehmen wird. Zum anderen verwendet sie ein einzigartiges Auswahlkriterium: Wir entscheiden uns bewusst für das, was uns Freude bereitet. Indem wir uns fragen: *Weckt das Freude*?, nehmen wir wieder Verbindung mit unserem inneren Selbst auf und entdecken, was uns wirklich wichtig ist. Dadurch ändern wir unser Verhalten langfristig und beeinflussen unser Leben positiv.

Ich habe diese Methode in meinem Buch *Magic Cleaning. Wie richtiges Aufräumen Ihr Leben verändert* vorgestellt. Es wurde in vierzig Sprachen übersetzt und über zwölf Millionen Mal verkauft. In den letzten Jahren habe ich alles getan, um meine Methode weltweit bekannt zu machen. Immer wieder tauchte dabei dieselbe Frage auf: Wie können wir an unserem Arbeitsplatz Ordnung schaffen und Freude in unseren Joballtag bringen?

Für die meisten Menschen bin ich die Aufräumexpertin für das Zuhause und nicht für den Job – geschweige denn eine Expertin für berufliche Weiterentwicklung. Doch schon zu Zeiten, als ich noch bei einer japanischen

Firma beschäftigt war, verbrachte ich den größten Teil meiner Freizeit damit, Führungskräften beizubringen, wie sie ihre Büros in Ordnung bringen können. Selbst Angestellte der Firma suchten meinen Rat. Das nahm mich mehr und mehr in Anspruch, und so kündigte ich schließlich, um mich als Beraterin selbständig zu machen.

Auch die inzwischen von mir geschulten Berater vermitteln in ihren Kursen, wie man die KonMari-Methode für die Arbeit nutzen kann. Sie tauschen ihr Wissen und ihre Erfahrung untereinander aus und verfeinern die Methode entsprechend. Dabei wurde immer wieder ersichtlich, wie sehr Ordnung die Leistung und gleichzeitig die Arbeitsfreude steigert.

Klienten haben uns z. B. berichtet, dass sie mit Hilfe der KonMari-Methode ihre Verkaufszahlen um 20 Prozent verbesserten und so viel effizienter arbeiteten, dass sie zwei Stunden früher nach Hause gehen konnten. Die Methode half ihnen auch, ihren Job in neuem Licht zu sehen und ihre berufliche Leidenschaft neu zu entfachen. Wir haben unzählige Beispiele erlebt, wie das Aufräumen das gesamte Arbeitsleben verbessert. So wie das Aufräumen unseres Zuhause Freude in unser Leben als solches bringt, erfüllt es auch unseren Arbeitsalltag mit Freude: Es hilft uns, organisierter zu werden und entsprechend erfolgreicher zu sein. Dieses Buch verrät, wie.

Natürlich kann nicht alles im Job danach beurteilt werden, ob es Spaß macht: Wir müssen Unternehmensregeln befolgen, Entscheidungen von Vorgesetzten akzeptieren und uns mit Kollegen arrangieren. Lediglich unseren Schreibtisch aufzuräumen reicht nicht aus, damit alles im Job reibungslos funktioniert. Wir können nur dann Freude bei der Arbeit empfinden, wenn wir all ihre Facetten in Ordnung gebracht haben: Dazu zählen auch E-Mails, digitale Daten, spezifische To-dos und Meetings.

Hier kommt mein Co-Autor Scott ins Spiel. Als Organisationspsychologe und Professor an der Wirtschaftswissenschaftlichen Fakultät der Rice University forscht Scott an vorderster Front darüber, was ein befriedigendes und freudvolles Berufsleben ausmacht. Seine Arbeit umfasst ein breites Themenspektrum, u.a. geht er der Frage nach, wie man sein Berufsleben positiver und sinnvoller gestalten kann, effizienter und produktiver wird und besser Probleme löst. Sein Bestseller *Stretch* basiert auf den Ergebnissen dieser Forschung und zeigt auf, wie wir Erfolg und Zufriedenheit im Beruf erreichen können, indem wir unsere vorhandenen Ressourcen nutzen – seien es bestimmte Fertigkeiten, spezifische Kenntnisse oder bereits verfügbare Arbeitsutensilien. Wenn es darum geht, mehr Freude in den Berufsalltag zu bringen, ist Scott also der Experte schlechthin.

In dem hier vorliegenden Buch stellt er aktuelle wissenschaftliche Forschungsergebnisse zum Aufräumen vor und ergänzt sie durch praktische Übungen, mit deren Hilfe man die immateriellen Aspekte seines Jobs ordnen kann.

In Kapitel 1 präsentieren wir Zahlen und Fakten zum Aufräumen, die Sie mit Sicherheit motivieren werden. In Kapitel 2 und 3 beschreiben wir, wie Sie Ihren Arbeitsbereich aufräumen. In Kapitel 4 bis 9 geht es darum, Ordnung und Struktur in digitale Daten, Zeitmanagement, Entscheidungsfindung, Netzwerke, Meetings und Teams zu bringen. Kapitel 10 befasst sich damit, wie die positiven Effekte des Aufräumens in Ihrer Firma potenziert werden können. Das letzte Kapitel geht über das Aufräumen hinaus: Hier finden Sie konkrete Vorschläge, wie Sie Ihrer Arbeit noch mehr Freude entlocken können, und Anregungen, welche Einstellung und welche Vorgehensweisen einen beschwingten Berufsalltag garantieren. In diesem Kapitel berichte ich außerdem von meinen eigenen Erfahrungen, die Sie hoffentlich zum Nachdenken darüber inspirieren, was Sie selbst für ein glückliches Arbeitsleben tun können.

Wir hoffen, dass dieses Buch für Sie der Schlüssel zu einem freudigen Berufsleben werden wird.

KAPITEL 1

Warum aufräumen?

Was fällt Ihnen als Erstes ins Auge, wenn Sie montagmorgens das Büro betreten?
Für viele ist es ein mit Papierbergen überladener Schreibtisch, zu denen sich unzählige Büroklammern, ungeöffnete Briefe (*wann sind die noch mal angekommen?*), ungelesene Bücher und ein mit Post-its zugepflasterter Rechner gesellen. Unter dem Schreibtisch stapeln sich Werbegeschenke von Kunden. Sicherlich stoßen die meisten Menschen bei diesem Anblick einen tiefen Seufzer aus und fragen sich, wie es ihnen gelingen soll, in so einem Chaos jemals etwas zu erledigen.

Aki, eine Angestellte in einem Maklerbüro, gehörte zu denen, die unter ihren zugemüllten Schreibtischen leiden. Auch wenn ihrer eher klein war (seine Arbeitsfläche war nur etwa eine Armspanne breit, und er hatte nur drei Schubladen), konnte sie nie etwas finden.

Vor jedem Meeting suchte sie erst mal hektisch nach ihrer Brille, ihrem Kugelschreiber oder einem Aktenordner. Oft genug musste sie die benötigten Unterlagen noch einmal ausdrucken, weil sie sie nicht finden konnte. Sie war das Chaos leid und beschloss immer wieder aufs Neue, endlich Ordnung auf ihrem Schreibtisch zu schaffen – aber nach Büroschluss war sie dann zu erschöpft, verschob das Aufräumen auf «morgen» und stapelte alle benutzten Dokumente auf einer Seite des Schreibtisches, bevor sie nach Hause ging. Am nächsten Tag musste sie den Stapel erst mal durchwühlen, bis sie die Unterlagen gefunden hatte, die sie brauchte. Wenn sie dann endlich mit der Arbeit anfangen konnte, war sie bereits erschöpft. «Es war total deprimierend, an diesem chaotischen Schreibtisch zu sitzen», erklärte sie mir – und ihr ungutes Gefühl hatte seine Berechtigung.

Verschiedene Studien haben ergeben, dass Unordnung uns in vielerlei Hinsicht mehr Energie kostet, als wir gemeinhin annehmen. Eine Umfrage unter tausend erwachsenen amerikanischen Erwerbstätigen ergab, dass neunzig Prozent von ihnen der Ansicht waren, Unordnung habe einen negativen Einfluss auf ihr Leben.[1] Sie vermindere die Produktivität, sorge für eine negative Denkweise, geringe Motivation und ein getrübtes Glücksempfinden.

Unordnung wirkt sich außerdem nachteilig auf die Gesundheit aus. Laut einer von Wissenschaftlern an der UCLA durchgeführten Studie erhöht sich der Cortisolspiegel (Cortisol ist ein wichtiges Stresshormon), wenn man von zu viel Kram umgeben ist.[2] Ein chronisch erhöhter Cortisolspiegel kann uns anfällig für Schlaflosigkeit, Depressionen und andere psychische Störungen machen und Erkrankungen des Herz-Kreislauf-Systems, Bluthochdruck und Diabetes befördern.

Außerdem haben neueste psychologische Forschungen ergeben, dass ein chaotisches Umfeld negative Effekte auf unser Gehirn hat.[3] Es ist dann so damit beschäftigt, die vielen unterschiedlichen Sinneseindrücke zu verarbeiten, dass wir uns nicht mehr auf das konzentrieren können, was wir eigentlich gerade erledigen wollen, z. B. die Arbeit auf unserem Schreibtisch in Angriff nehmen oder mit anderen kommunizieren. Wir fühlen uns abgelenkt, gestresst, und unsere Entscheidungsfähigkeit ist beeinträchtigt. Anscheinend ist Chaos ein Magnet für Unglück. Menschen wie ich, die beim Anblick eines unordentlichen Zimmers ganz aufgeregt werden und am liebsten sofort anfangen aufzuräumen, bilden Studien zufolge tatsächlich die Ausnahme.

Unordnung wirkt sich nicht nur auf uns als Einzelperson negativ aus, sondern auch auf das Geschäftsleben an sich. Haben Sie selbst nicht schon

Stunden damit verbracht, im Büro nach etwas zu suchen? Oder es sogar unauffindbar verlegt? Fast die Hälfte aller Büroangestellten berichtet, dass sie einmal pro Jahr bei der Arbeit etwas Wichtiges verlegten[4]: Aktenordner, Taschenrechner, USB-Sticks, Laptops oder Handys waren darunter. Verlorengegangene Dinge zu ersetzen ist nicht nur kostspielig und verursacht emotionalen Stress, sondern es produziert auch unnötigen Abfall, der der Umwelt schadet. Das größte Manko ist jedoch die verlorene Zeit, die man mit der Suche nach dem Gegenstand verschwendet. Den Forschungsergebnissen zufolge verbringen wir mit der Suche nach verschwundenen Dingen durchschnittlich eine Arbeitswoche pro Jahr. Auf vier Jahre gerechnet, ergibt das einen vollen Monat. Allein in den Vereinigten Staaten beläuft sich diese Produktivitätseinbuße auf etwa 89 Milliarden US-Dollar pro Jahr – mehr als das Doppelte der Gewinne der fünf größten Unternehmen der Welt.

Diese Zahlen sind schwindelerregend hoch und ihre Brisanz nicht wegzudiskutieren: Die Auswirkungen von Unordnung können verheerend sein. Doch es besteht kein Anlass zur Sorge, denn all diese Probleme können durch Aufräumen gelöst werden.

Wie das Aufräumen meines Arbeitsplatzes mein Leben veränderte

Nach Abschluss meines Studiums bekam ich gleich eine Stelle in der Vertriebsabteilung eines Unternehmens. Meine Euphorie, jetzt endlich der erwerbstätigen Bevölkerung anzugehören, verflog jedoch schnell. Die meisten Berufsanfänger haben keinen einfachen Start, doch meine Verkaufsleistung besserte sich auch mit der Zeit nicht. Von den fünfzehn Neuzugängen des Jahres rangierte ich immer unter den letzten drei.

Ich war jeden Morgen früh im Büro, verbrachte Stunden am Telefon und versuchte, Kunden zu akquirieren, hielt die Termine, die ich mit einigen arrangieren konnte, immer ein und erstellte dazwischen Listen von weiteren potenziellen Kunden. Nach Büroschluss holte ich mir in einem Imbiss im selben Gebäude eine Nudelbowl und kehrte damit an meinen Schreibtisch zurück, um weiterzumachen. Ich schien rund um die Uhr zu arbeiten, ohne nennenswerte Ergebnisse zu erzielen.

Nachdem ich mal wieder eine Reihe vergeblicher Akquiseanrufe getätigt hatte, legte ich mit einem tiefen Seufzer den Hörer auf und ließ den Kopf hängen. Ich starrte deprimiert auf meinen Schreibtisch und stellte mit einem Mal fest, welches Chaos dort eigentlich herrschte. Um meine Computertastatur zerstreut lagen längst überholte Umsatzlisten, ein unfertiger Vertragsentwurf, Notizzettel, auf die ich verschiedene Verkaufstipps meiner Kollegen gekritzelt hatte, ein ungelesenes Wirtschaftsbuch, das mir empfohlen worden war, ein Füller ohne Kappe und ein Tacker, mit dem ich ein paar Papiere hatte zusammenheften wollen, was ich dann aber vergessen hatte. Dazwischen standen ein halb ausgetrunkener Pappbecher mit Tee und eine Wasserflasche, die schon eine Woche alt war.

Ich konnte es kaum glauben. Wie hatte es so weit kommen können? Seit meiner Studienzeit war ich als Ordnungsberaterin tätig gewesen. Doch obwohl ich mein Aufräumtalent nie in Frage stellte, war ich von meinem neuen Job so überfordert, dass keine Zeit mehr für irgendwelche Beratungen blieb und ich sogar zu Hause meine Aufräumgewohnheiten vernachlässigt hatte. Irgendwie hatte ich den Kontakt zu meinem inneren Aufräum-Freak verloren. Kein Wunder, dass ich beruflich nicht erfolgreich war.

Am nächsten Morgen war ich bereits um sieben Uhr im Büro, um meinen Schreibtisch aufzuräumen. Ich setzte all mein Wissen und all meine Fertigkeiten ein, die ich mir im Lauf der Jahre angeeignet hatte, und war nach einer Stunde fertig. Im Nu sah mein Arbeitsplatz ordentlich und aufgeräumt aus. Auf meinem Schreibtisch befanden sich nur noch das Telefon und mein Computer.

Ich würde gern behaupten, dass meine Verkaufszahlen auf der Stelle in die Höhe schnellten, doch das war leider nicht der Fall. Allerdings fühlte ich mich jetzt wesentlich wohler an meinem Schreibtisch, da ich alles, was ich benötigte, mühelos finden konnte. Ich musste nicht wie wild nach meinen Unterlagen suchen, bevor ich zu einem Meeting eilte. Und nach meiner Rückkehr konnte ich sofort die nächste Aufgabe angehen. Allmählich machte mir die Arbeit Spaß.

Seit Jahren ist Aufräumen meine Leidenschaft gewesen, und ich wusste bereits, wie ein aufgeräumtes Zuhause das Leben verändern konnte. Aber jetzt dämmerte es mir, dass es genauso wichtig war, Ordnung am Arbeitsplatz zu schaffen. Mein Schreibtisch fühlte sich an wie neu, und als ich an ihm Platz genommen hatte, spürte ich, welche Freude mir mein Job bereiten könnte, wenn ich Ordnung hielt.

Warum Aufräumen die Arbeitsleistung verbessert

Eines Tages gestand mir meine Kollegin Lisa, die im selben Stock arbeitete wie ich: «Auf meinem Schreibtisch herrscht ein solches Chaos, dass es mir inzwischen richtig peinlich ist.» Als Lisa gesehen hatte, wie ich meinen Schreibtisch aufräumte, war sie fasziniert und bat mich um Rat. Sie selbst sei noch nie gut im Aufräumen gewesen, auch nicht als Kind: Das Haus ihrer Eltern sei mit allen möglichen Dingen vollgestellt. Ihre Wohnung, erklärte sie mir, sähe ebenfalls wie ein Schlachtfeld aus. «Bisher habe ich nicht wirklich konsequent aufgeräumt, ja, bin nicht mal auf den Gedanken gekommen, dass ich es tun sollte», sagte sie. Aber die Arbeit im Büro hatte ihr bewusst gemacht, wie viel unordentlicher ihr Schreibtisch im Vergleich zu denen ihrer Kollegen war.

Lisas Geschichte ist nicht ungewöhnlich. Im Gegensatz zu zu Hause sind wir bei der Arbeit den Blicken anderer ausgesetzt. Zu Hause sieht es kaum jemand, wenn unsere Kleider oder Bücher auf dem Boden verstreut herumliegen. Ein Büro jedoch ist ein öffentlicher Raum, und es ist für jeden ersichtlich, ob ein Schreibtisch aufgeräumt ist oder nicht. Erstaunlicherweise beeinflusst diese Tatsache in viel größerem Maße unser Arbeitsleben, als wir gemeinhin annehmen.

Mehrere Studien zum Thema Arbeitnehmerbeurteilung haben ergeben: Je ordentlicher der Arbeitsplatz, desto wahrscheinlicher ist es, dass der betreffende Mitarbeiter als ehrgeizig, intelligent, warmherzig und ruhig eingeschätzt wird.[5] Eine weitere Studie hat gezeigt, dass ordentliche Mitarbeiter als selbstsicher, fleißig und freundlich gelten – diese Personen scheinen echte Gewinner zu sein.

Darüber hinaus ging aus Studien hervor, dass ordnungsliebende Menschen leichter das Vertrauen ihrer Kollegen gewinnen und eher befördert werden. Für das berufliche Weiterkommen ist ein guter Ruf unverzichtbar. Gleichzeitig belegen Studien, dass wir uns bei unserer Arbeit an den Erwartungen orientieren, die andere an uns stellen: Höhere Erwartungen steigern unser Selbstvertrauen, was wiederum in der Regel unsere Leistung verbessert. Diese Theorie ist auch als Pygmalion-Effekt bekannt. Er ist erstmals an Schulen nachgewiesen worden: Wenn Lehrer ihren Schülern besondere Leistungen zutrauten, verbesserten sich diese entsprechend. Auch im Arbeitskontext konnte der Pygmalion-Effekt nachgewiesen werden: Die Leistung der Angestellten verbesserte oder verschlechterte sich je nachdem, mit welcher Erwartungshaltung man ihnen begegnete.

Die Ergebnisse dieser Studien können auf drei Punkte heruntergebrochen werden: Ein aufgeräumter Schreibtisch führt dazu, dass andere uns sympathischer finden und für kompetenter halten. Dies steigert unser Selbstwertgefühl und beflügelt unsere Motivation. Folglich arbeiten wir noch engagierter und bringen noch bessere Leistungen.

So gesehen scheint aufzuräumen doch eine gute Sache zu sein, oder?

Nachdem Lisa ihren Arbeitsplatz nach meinen Anweisungen aufgeräumt hatte, konnte sie immer bessere Verkaufszahlen vorweisen. Ihr Chef lobte sie in den höchsten Tönen, und sie wurde zunehmend selbstsicherer. Ich persönlich bekam innerhalb der Firma gute Bewertungen für meine Fähigkeit, Ordnung zu halten – und das machte mich glücklich.

Sind Chaoten wirklich kreativer?

Ein leerer, aufgeräumter Schreibtisch wirkt auf viele steril und langweilig. «Wenn ein unaufgeräumter Schreibtisch einen unaufgeräumten Geist repräsentiert, wofür steht dann ein leerer Schreibtisch?» Dieses Zitat wird dem Physik-Genie Albert Einstein zugeschrieben. Ob der Ausspruch tatsächlich von ihm stammt oder nicht – sein eigener Schreibtisch quoll jedenfalls geradezu über vor Büchern und Papierstapeln.

Auch Pablo Picasso malte inmitten eines Durcheinanders von Gemälden, und Steve Jobs, der Gründer von Apple, schwörte ebenfalls auf das kreative Chaos. Es gibt unzählige Beispiele von genialen Menschen mit unaufgeräumten Büros. Eine kürzlich von Wissenschaftlern an der Universität von Minnesota durchgeführte Studie scheint diesen Zusammenhang zu bestätigen: Sie zeigte, dass ein chaotisches Arbeitsumfeld die Kreativität fördert.[6]

Vielleicht liegt es an der Anzahl derartiger Geschichten, dass ich so häufig auf diese These angesprochen werde. «Aber ein unaufgeräumter Schreibtisch ist doch okay, nicht wahr? Er fördert doch die Kreativität, oder?» Falls Sie jetzt darüber nachgrübeln, ob ein zugemüllter Schreibtisch auch Ihre Produktivität steigert und es sich lohnt, überhaupt weiterzulesen, probieren Sie einmal folgende kleine Übung: Beginnen Sie damit, dass Sie sich Ihren Schreibtisch an Ihrem Arbeitsplatz genau vorstellen. Sollten Sie gerade vor ihm stehen, betrachten Sie ihn ganz genau. Beantworten Sie dann folgende Fragen.

Macht es Ihnen Spaß, unter diesen Bedingungen zu arbeiten?

Bereitet Ihnen die tägliche Arbeit an diesem Schreibtisch wirklich Freude?

Sind Sie sicher, dass Sie Ihrer Kreativität freien Lauf lassen?

Wollen Sie ernsthaft morgen hierher zurückkehren?

Diese Fragen sollen kein Unbehagen bereiten, sondern Ihnen vielmehr ein Bewusstsein dafür vermitteln, welches Gefühl Ihr Arbeitsumfeld in Ihnen auslöst. Haben Sie alle Fragen spontan mit Ja beantwortet, dann macht Ihnen Ihre Arbeit zum Glück viel Spaß. Doch wenn Ihre Antworten zwiespältig ausfallen und Sie eher lustlos an Ihrem Schreibtisch sitzen, dann lohnt es sich definitiv, es mit Aufräumen zu versuchen.

Ehrlich gesagt spielt es keine Rolle, was andere für besser halten – einen aufgeräumten Schreibtisch oder einen chaotischen. Am wichtigsten ist, dass Sie selbst wissen, welche Art von Umfeld Ihnen bei der Arbeit Freude bereitet und was für Sie ganz persönlich dazu beiträgt. Aufzuräumen ist eine der besten Methoden, das herauszufinden. Viele meiner Kunden, die mit der KonMari-Methode zu Hause aufgeräumt und dadurch ein eher spartanisches Ambiente geschaffen haben, stellen mit der Zeit fest, dass ihnen etwas mehr Deko lieber wäre – und beginnen dann, ihr Umfeld nach ihrem Geschmack einzurichten. Häufig erkennen die Menschen erst nach gründlichem Aufräumen, welche Art von Umgebung ihnen überhaupt gefällt.

Gehören Sie zu den Menschen, die nach dem Aufräumen schneller Zugang zu ihrer Kreativität finden, oder zu denen, die inmitten von Chaos kreativer sind? Wie dem auch sei: Aufzuräumen wird Ihnen auf jeden Fall helfen, herauszufinden, welche Art von Arbeitsplatz Ihre Kreativität erblühen lässt.

Unordnung: ein Teufelskreis

Untersuchungen haben ergeben, dass Unordnung die Freude am Job aus zwei wesentlichen Gründen trübt. Wie wir bereits gesehen haben, überfordert sie das Gehirn. Je mehr Gegenstände wir um uns herum horten, desto mehr Sinneseindrücke müssen wir verarbeiten.[7] Erstens erschwert das, diejenigen Dinge herauszufiltern und zu genießen, die uns am wichtigsten sind – Dinge, die uns Freude bereiten.

Zweitens verlieren wir die Kontrolle und büßen unsere Entscheidungsfähigkeit ein, wenn wir mit Dingen, Informationen und Aufgaben überflutet werden.[8] Da wir dann keine Initiative mehr ergreifen oder Entscheidungen treffen können, vergessen wir, dass wir mit Hilfe der Arbeit unsere Träume und Sehnsüchte verwirklichen können, und schließlich haben wir gar keinen Spaß mehr an ihr. Wenn Menschen das Gefühl haben, die Kontrolle zu verlieren, sammeln sie zu allem Übel noch mehr ungewollten Kram an – und die Schuldgefühle und der Druck, etwas dagegen unternehmen zu müssen, nehmen immer weiter zu.[9] Am Ende entsteht ein Teufelskreis, denn sie schieben das Aufräumen endlos vor sich her, und die Unordnung wird immer größer und größer.

S. S.

Der hohe Preis immaterieller Unordnung

Nicht nur auf unserem Schreibtisch muss aufgeräumt werden. Wir versinken auch in immaterieller Unordnung. Insbesondere die moderne Technologie hat digitalen Müll in Form von E-Mails, Dateien und Online-Accounts hervorgebracht. Hinzu kommen die vielen Meetings und weitere Aufgaben, mit denen wir uns beschäftigen müssen, sodass wir immer häufiger das Gefühl haben, die Kontrolle zu verlieren. Um aber einen Arbeitsstil zu entwickeln, der wirklich Freude bereitet, müssen wir jede Facette unserer Arbeit in Ordnung bringen, nicht nur unseren Schreibtisch.

Laut einer Studie verbringt ein typischer Büroangestellter ungefähr die Hälfte des Tages mit der Bearbeitung von E-Mails. Pro Tag verbleiben durchschnittlich etwa 199 ungeöffnete E-Mails im Posteingang.[10] Das Center for Creative Leadership berichtet, dass 96 Prozent der Angestellten der Meinung sind, zu viel Zeit mit überflüssigen Mails zu verschwenden.[11] Hinzu kommt, dass fast ein Drittel der auf den meisten Computern installierten Programme nie genutzt werden. Diese Beispiele zeigen eindrücklich, wie wir in unserem Job mit digitalem Müll überflutet werden.

Und wie sieht es mit den Informationen aus, die wir benötigen, um verschiedene Online-Services zu nutzen? Ein durchschnittlicher Internetnutzer hat über 130 Online-Accounts. Selbst wenn man berücksichtigt, dass manche, wie z.B. Google oder Facebook, kombiniert und unter einem Account geführt werden können, ist die Anzahl an Nutzer-IDs und erforderlichen Passwörtern immer noch beachtlich. Und überlegen Sie, was passiert, wenn Sie Ihr Passwort vergessen! Sie tippen eine Kombination aus potenziellen IDs und Passwörtern ein – vergeblich. Schließlich geben Sie auf und ändern das Passwort.

Leider zeigt die Statistik, dass uns das häufiger passiert. Laut einer Umfrage unter Angestellten in den USA und in Großbritannien beläuft sich die Produktivitätseinbuße infolge vergessener oder verlegter Passwörter jährlich auf mindestens 420 US-Dollar pro Angestellten.[12] Das macht in einer Firma mit 25 Mitarbeitern jährlich über 10000 US-Dollar aus. Vielleicht sollten wir einen «Verlorenes-Passwort-Fonds» ins Leben rufen: Dorthin wird jedes Mal automatisch eine Spende überwiesen, wenn jemand sein Passwort vergessen hat – und das Geld kommt dann einem guten Zweck zugute.

Auch Meetings nehmen einen großen Teil unserer Arbeitszeit in Anspruch. Der durchschnittliche Büroangestellte verbringt wöchentlich zwei Stunden und 39 Minuten in ineffizienten Meetings.[13] Bei einer wissenschaftlichen Umfrage unter leitenden Angestellten äußerten die meisten Befragten Unmut über ihre Firmenmeetings, weil sie unproduktiv seien, sie von wichtigeren Dingen abhalten und nichts zum Teambuilding beitragen würden.[14] Meetings sollen der Firma nutzen, doch ironischerweise halten die Führungskräfte, diejenigen also, die diese Zusammenkünfte organisieren, sie für kontraproduktiv. Der wirtschaftliche Schaden, der Unternehmen aufgrund ineffektiver Meetings entsteht, beläuft sich auf über 399 Milliarden US-Dollar jährlich.[15]

In Anbetracht dieser Summe, der Verluste, die durch vergessene Passwörter entstehen, und angesichts des Zeitverlusts durch die Suche nach verlegten Gegenständen (der mit 8,9 Milliarden US-Dollar zu Buche schlägt) frage ich mich: Wie viel Geld könnte der Staat durch die Besteuerung dieser Art von Unordnung einnehmen? Ich weiß, das klingt verrückt, aber ...

Ab Kapitel 4 wird Scott Ihnen im Detail erklären, wie man immateriellen Müll beseitigt. Behalten Sie für den Moment nur im Hinterkopf, dass Sie noch einige Hindernisse überwinden müssen, damit Ihnen Ihr Job Freude macht. Sie verfügen also über ein großes Optimierungspotenzial. Stellen Sie sich vor, dass Sie nicht nur Ihren Schreibtisch, sondern auch all Ihre E-Mails, Dateien und sonstigen digitalen Daten geordnet und die Termine für Ihre Meetings und unterschiedlichste Aufgaben stets im Griff haben. Überlegen Sie, wie viel Spaß Sie dann an Ihrem Job hätten.

Aufräumen vermittelt Sinn

Als ich noch Angestellte war, bat mich eine meiner Kolleginnen, die zwei Jahre vor mir in dem Unternehmen angefangen hatte, um Rat, wie sie am besten ihren Arbeitsplatz in Ordnung bringen könnte. Während wir aufräumten, berichtete sie mir dann: «Ich bin hier, um zu arbeiten und meinen Lebensunterhalt zu verdienen, nicht, um mich zu amüsieren. Das Leben macht mehr Spaß, wenn man schnell mit seiner Arbeit fertig wird und sich darauf konzentriert, die Freizeit zu genießen.»

Jeder Mensch pflegt seinen eigenen Arbeitsstil und seine eigene Denkweise. Ich weiß, dass einige Leute ihre Arbeit mit derselben Haltung angehen wie meine Kollegin, aber lassen Sie mich offen sein: Das ist eine schreckliche Verschwendung.

Natürlich: Da wir für unsere Arbeit bezahlt werden, sind all unsere Aufgaben mit Verantwortung verbunden; es gibt außerdem Aspekte unserer Arbeit, die sich unserer Kontrolle entziehen. Solange wir uns als Mitglieder einer Gemeinschaft sehen, ist es unrealistisch, zu erwarten, dass unser persönliches Glück immer an oberster Stelle steht. Anders als zu Hause garantiert uns das Aufräumen im Job nicht, dass uns alles an unserer Arbeit immer Freude bereitet.

Doch es wäre wirklich schade, aufzugeben, die eigene Arbeit nur aus Pflichtgefühl heraus zu verrichten und sich nicht auch zu bemühen, sein Umfeld mit Freude zu erfüllen. Neben unserem Zuhause verbringen wir die meiste Zeit am Arbeitsplatz, und manchmal verbringen wir sogar mehr Zeit im Büro als zu Hause. Die Arbeit stellt einen wertvollen Teil unseres Lebens dar. Und wenn wir dabei schon unsere Fähigkeiten einbringen, wäre es dann nicht sinnvoll, die Arbeit auch ein wenig zu genießen? Und wenn wir das tun, können wir dann nicht gleich so arbeiten, dass wir unsere Kollegen ebenfalls glücklich machen?

Vielleicht denken einige von Ihnen: *Sie haben gut reden, aber ich hasse meinen Job und kann mir nicht vorstellen, dass er mir je Spaß machen könnte.* Dennoch empfehle ich Ihnen, Ordnung zu schaffen. Vielleicht entdecken Sie dabei, was Sie wirklich wollen und was Sie ändern müssen. Vielleicht hilft Ihnen das Aufräumen, die schönen Seiten Ihres Arbeitsumfelds zu entdecken. Das mag zu gut klingen, um wahr zu sein, ist es aber nicht.

Ich habe selbst erlebt, wie Aufräumen viele Aspekte des Arbeitslebens meiner Kunden verändert hat. So erinnerte sich eine Kundin beim Ausmisten ihrer Bücher an einen Kindheitstraum, kündigte ihren Job und gründete ihre eigene Firma. Einer Geschäftsführerin fiel beim Sortieren ihrer Unterlagen ein Problem in ihrer Firma ins Auge, und sie leitete daraufhin mutige Veränderungen ein. Eine andere Kundin erkannte während des Aufräumprozesses, welchen Lebensstil sie sich wünschte. Sie veränderte sich beruflich und arbeitete halb so viel wie zuvor.

Dies alles passierte nicht, weil diese Menschen in irgendeiner Weise außergewöhnlich gewesen wären – ihr Handeln war lediglich das Ergebnis einer sorgfältigen Überprüfung aller Dinge, die sie umgaben, und der Entscheidung, ob sie sie in ihrem Leben behalten oder loslassen wollten.

«Dies hätte eigentlich mein Traumjob sein sollen, aber nun habe ich große Mühe, die vielen Aufgaben zu bewältigen. Ich sehne mich ständig danach, so früh wie möglich nach Hause zu gehen.»

«Ich weiß nicht, was ich will. Ich habe alles Mögliche ausprobiert, weiß aber immer noch nicht, was ich wirklich will.»

«Ich habe so viel investiert, um weiterzukommen, aber nun frage ich mich, ob dies wirklich der richtige Beruf für mich ist.»

Wenn Sie derartige Zweifel im Hinblick auf Ihren Job oder Ihren bisherigen Berufsweg haben, ist jetzt der richtige Zeitpunkt, Ordnung zu schaffen – und das beinhaltet wesentlich mehr, als nur Dinge auszusortieren und wegzuschmeißen. Der Entschluss aufzuräumen wird Ihr Leben für immer verändern. Das Ziel der in diesem Buch vorgestellten Methode besteht nicht nur darin, am Ende an einem hübsch aufgeräumten Schreibtisch zu sitzen, sondern durch das Aufräumen mit sich selbst ins Gespräch zu kommen – zu entdecken, was Sie wertschätzen, indem Sie erforschen, warum Sie eigentlich arbeiten und welche Art Arbeit Sie sich wünschen. Dies hilft Ihnen zu verstehen, dass jede Aufgabe, die Sie erledigen, mit einer erfreulichen Zukunft verbunden ist.

Letztlich besteht das eigentliche Ziel darin, zu erkennen, was Ihnen in Ihrem Job Spaß macht, sodass Sie Ihr Bestes geben können. Wir laden Sie dazu ein, herauszufinden, wie ein ordentliches Arbeitsumfeld Freude in Ihren Alltag bringt.

KAPITEL 2

Wenn Sie immer wieder im Chaos versinken

«Sie sollten unbedingt Ihren Schreibtisch aufräumen, Sir!»
So platzte es einmal gegenüber einem potenziellen Kunden aus mir heraus. Es war mein zweiter Sommer bei einer Agentur für Personalvermittlung, wo ich den Personalservice auf Vordermann bringen sollte. Das bedeutete zu ermitteln, welche Art von Mitarbeiter die jeweilige Firma suchte, und die geeignete Person zu finden. Ich war für kleine und mittelständische Unternehmen zuständig. Solche Firmen mit zehn oder weniger Angestellten haben selten eine eigene Personalabteilung, und häufig ist der Firmenchef selbst für die Einstellung von Personal verantwortlich. Nun saß ich einem dieser Firmenchefs gegenüber. Er sah erschöpft und müde aus und erklärte mir: «Ich habe so viel zu tun, dass ich froh über eine Sekretärin wäre.»

Meiner Rolle als Personalvermittlerin entsprechend fragte ich: «Wenn Sie eine Sekretärin einstellen würden, welche Aufgaben sollte sie übernehmen?»

«Hm, lassen Sie mich überlegen», erwiderte er etwas unschlüssig. «Ich hätte in jedem Fall gern jemanden, der meine Unterlagen und Schreibsachen organisiert. Wissen Sie, jemanden, der mir gleich den richtigen Stift reichen könnte, wenn ich danach frage. Und es wäre großartig, wenn er außerdem meinen Schreibtisch aufräumen würde.»

In dem Augenblick bin ich dann kräftig ins Fettnäpfchen getreten. «Aber das können Sie doch selber tun!», rief ich. Kaum hatte ich die Worte ausgesprochen, wurde mir meine Unverschämtheit bewusst, mal ganz abgesehen davon, dass ich ihm im Grunde gerade erklärt hatte, dass er gar keine Sekretärin brauchte. Wieder die Chance auf einen Abschluss vertan ...

Aber er redete weiter, als habe er meinen Fauxpas nicht bemerkt. Je mehr er erzählte, desto deutlicher wurde, dass Ordnunghalten nicht gerade zu seinen Stärken gehörte. Er war in einer Familie groß geworden, in der Unordnung ganz normal war. Ständig verlegte er etwas. In seinem ersten Job hatte ihn sein Chef in dieser Hinsicht sogar zum hoffnungslosen Fall erklärt. Noch heute hat er deswegen Komplexe.

Als er seine Ausführungen beendet hatte, fragte ich ihn, ob es ihm etwas ausmachen würde, mir seinen Schreibtisch zu zeigen. Er stand direkt auf der anderen Seite der Trennwand, hinter der wir unsere Besprechung hatten. Ich erfasste die Situation mit einem Blick: Es handelte sich um einen schlichten grauen Schreibtisch, aber um den Computer herum türmten sich Unterlagen, Bücher und Post in einer Weise auf, die mich an das Spiel *Jenga* erinnerten. Da ich zu der Zeit bereits an den Wochenenden als Aufräumcoach arbeitete, konnte ich nicht anders, als dem Geschäftsführer zu sagen, dass er unbedingt seinen Schreibtisch aufräumen müsse.

Und damit begann unser Aufräumunterricht, vor oder nach der Arbeit, versteht sich, außerhalb der Geschäftszeiten. Nach mehreren Sitzungen war sein Büro ordentlich. Er war so begeistert von den Effekten des Aufräumens, dass er mich seinen Kollegen weiterempfahl – was wiederum meinem Umsatz sehr zugutekam. Wann immer ich danach als Personalvermittlerin einen neuen Kunden aufsuchte, warf ich auch einen flüchtigen Blick auf den Schreibtisch des Chefs. Es bot sich jedes Mal eine Gelegenheit, ein paar Aufräumtipps in die Unterhaltung einzuflechten, und bevor ich's mich versah, hatte sich Zahl der Klienten, die meine Ordnungsberatung in Anspruch nahmen, vervielfacht.

Natürlich gab es unter ihnen auch welche, die rückfällig wurden. Nicht alle schafften es, Ordnung zu halten, nachdem sie meinen Aufräumkurs beendet hatten. Worin lag der Unterschied zwischen denen, denen es gelang, und denen, die scheiterten? In ihrer Einstellung.

Wir bekommen bei der Arbeit laufend neue Informationen: Unterlagen werden aktualisiert, Projekte entwickeln sich weiter, und so sammelt sich schnell wieder jede Menge Papierkram an. Selbst wenn wir unseren Schreibtisch einmal gründlich aufgeräumt haben, müssen wir dranbleiben in Sachen Ordnunghalten. Das erfordert Motivation und ein Verständnis dafür, *warum* wir eigentlich aufräumen.

Die meisten Menschen, denen es gelungen ist, Ordnung zu halten, haben dies aus eigener Initiative geschafft. Sie haben von Anfang an eine klare Vorstellung davon, wer sie sein und welchen Lebensstil sie pflegen wollen. Wer sich jedoch ohne eine solche klare Vorstellung aufs Aufräumen stürzt oder, schlimmer noch, hofft, jemand anders könnte das für ihn erledigen, fällt häufig wieder in alte Verhaltensmuster zurück – selbst wenn er es einmal geschafft hat aufzuräumen.

Deswegen möchte ich Sie fragen: Warum wollen *Sie* aufräumen?

Wenn Sie einfach Ihre Arbeitsleistung verbessern oder Stress abbauen wollen, ist das in Ordnung. Um aber dauerhaft motiviert zu bleiben, müssen Sie präziser sein. Formulieren Sie in klaren Worten, wie Sie sich Ihren Job idealerweise vorstellen und welche Effekte das Aufräumen auf Ihr Leben haben soll. Bevor Sie beginnen, visualisieren Sie Ihr ideales Arbeitsleben.

Visualisieren Sie Ihr ideales Arbeitsleben

Stellen Sie sich Ihren Arbeitsalltag ganz konkret vor, und fragen Sie sich, welche Art von Arbeit Ihnen Spaß macht und welche Werte bei Ihrer Arbeit wichtig sind. Das ist der erste Schritt Ihres Aufräum-Vorhabens und entscheidend für Ihren Erfolg.

In diesem Zusammenhang muss ich immer an eine E-Mail meiner Klientin Michiko denken, die sie mir schickte, nachdem sie mit dem Aufräumen fertig geworden war. Sie arbeitete für einen Hersteller von Medizinprodukten, und mit all den Papieren, die sich auf ihrem Schreibtisch stapelten, erinnerte dieser an eine schlecht geschichtete Millefeuille-Torte. Im Betreff ihrer Mail war zu lesen: Ideales Arbeitsleben erreicht! Sie schrieb:

Wenn ich morgens ins Büro komme, bin ich schon ganz aufgeregt. Auf meinem Schreibtisch stehen lediglich das Telefon und eine Topfpflanze. Zuerst nehme ich meinen Laptop samt Kabel von seinem Platz auf dem Regal und stelle ihn auf den Schreibtisch, auf meinen Lieblingsuntersetzer. Daneben kommt der Becher mit Kaffee, den ich mir auf dem Weg zur Arbeit gekauft habe. Dann sorge ich mit Minzspray für frische Luft, atme einmal tief durch und mache mich an die Arbeit. Alles ist da, wo es hingehört, also vergeude ich keinerlei Zeit mit Suchen. Und wenn ich fertig bin, habe ich im Nu alles wieder an seinen Platz zurückgelegt. Jetzt sind bereits zwei Monate vergangen, und ich kann es kaum fassen, dass ich mich jeden Morgen mit großer Freude an meinen Schreibtisch setze.

Michikos beglückte E-Mail zeichnet das Idealbild eines Arbeitslebens, das Freude bereitet. Ich habe sie hier aufgenommen, da sie alles enthält, was Sie für die Visualisierung Ihres perfekten Arbeitslebens benötigen. Der Trick besteht darin, Ihren gesamten aufgeräumten Tagesablauf wie einen Film vor Ihrem inneren Auge ablaufen zu lassen. Drei Elemente sollten darin vorkommen: Ihr Umfeld, Ihr Verhalten und Ihre Empfindungen. Visualisieren Sie den Eindruck, den Ihr Arbeitsbereich hinterlässt, und Ihren aufgeräumten Schreibtisch, auf dem alles fein säuberlich geordnet ist. Stellen Sie sich vor, was Sie gerade dort tun (dazu gehört z.B. auch der Genuss eines Kaffees oder erfrischender Düfte). Führen Sie sich vor Augen, was Sie dabei fühlen – z. B. Aufregung, Erfüllung und Zufriedenheit.

Um sich ein realistisches Bild Ihres idealen Arbeitslebens machen zu können, sollten Sie diese drei Elemente als Einheit behandeln. Am wichtigsten sind jedoch Ihre Empfindungen, das, was Sie fühlen, wenn Sie sich Ihren vollkommenen Arbeitsplatz ausmalen. Schließen Sie die Augen, und stellen Sie sich vor, wie Sie morgens ins Büro kommen. Wenn Ihnen das schwerfällt, erinnern Sie sich daran, wie Michiko morgens das Büro betritt, und beobachten Sie, was Sie empfinden. Schlägt Ihr Herz höher? Durchflutet Sie ein Glücksgefühl?

Vergegenwärtigen Sie sich jedes Detail ganz genau, bis hin zu den körperlichen Reaktionen, die Ihre Emotionen auslösen. Wenn wir nicht alles nur aus intellektueller Sicht betrachten, kommen wir unserem Ideal zum Greifen nah. Dies verstärkt unseren Wunsch, es auch zu erreichen, und hilft uns, motiviert zu bleiben.

Wenn Sie Ihre idealen Arbeitsbedingungen visualisieren, müssen Sie einen weiteren wichtigen Aspekt berücksichtigen – den zeitlichen Rahmen. Stellen Sie sich deshalb jetzt Ihren Tagesablauf vor: Morgens begeben Sie sich ins Büro, legen zur Mittagszeit eine Pause ein, arbeiten dann weiter und gehen abends nach Hause. Führen Sie sich vor Augen, wie Ihr Arbeitsplatz zu verschiedenen Tageszeiten aussieht.

Wenn wir unser Ideal aus verschiedenen Perspektiven betrachten, sehen wir, was konkret als Nächstes ansteht. Dazu gehört z. B., unser Ablagesystem farbig zu gestalten – so wird es übersichtlicher, zugänglicher, und wir werden noch motivierter.

Sich sein ideales Arbeitsleben vorzustellen ist auch essenziell, wenn es um immaterielle Unordnung geht. Wollen Sie z. B. Ihren Maileingang entrümpeln, visualisieren Sie, wie Sie gerne mit eingehenden E-Mails umgehen würden, und überlegen Sie, welche Anzahl von Mails in Ihrem Posteingang optimal für Sie wäre. Wenn Sie einen Zeitplan erstellen, rechnen Sie aus, wie viel Zeit Sie für jede Aufgabe benötigen, dann stellen Sie sich vor, wie Sie sich fühlen werden, wenn Sie sie angehen. Überprüfen Sie diese Idealvorstellung noch in all ihren Facetten, z. B. in Hinblick auf Produktivität, Effizienz und das Verhältnis zu Ihren Kollegen. Erst wenn Sie sich konkrete Aufräumziele gesetzt haben, die auf einer klaren Vorstellung Ihres idealen Arbeitsstils basieren, können Sie mit der richtigen Einstellung aufräumen.

Finden Sie heraus, was Ihnen an Ihrem Job Spaß macht

Fällt es Ihnen schwer, sich Ihr ideales Arbeitsleben vorzustellen? Wenn ja, dann greifen Sie auf die folgende Übung zurück. Sie hilft Ihnen dabei, Ihre persönlichen Freude-Kriterien herauszuarbeiten. Lesen Sie jede der 12 Aussagen, und bewerten Sie dann anhand einer Skala von 1 bis 5, inwiefern Sie der jeweiligen Aussage zustimmen. Es gibt bei den Antworten kein Richtig oder Falsch. Hören Sie einfach auf Ihren Bauch, und geben Sie ehrliche Antworten.
(1 = starker Widerspruch, 2 = Widerspruch, 3 = weder noch, 4 = Zustimmung, 5 = starke Zustimmung)

	Es macht mir viel Spaß, Neues zu lernen.
	Ich suche Herausforderungen im Job.
	Ich profitiere von der Zusammenarbeit mit anderen, die über mehr Fertigkeiten oder Erfahrung verfügen als ich.
	Gesamtpunktzahl

Ich würde gerne in Gleitzeit arbeiten.

Ich möchte auf der Arbeit unbeschwert meine Meinung sagen können.

Ich möchte meine Arbeit nach meinen Vorstellungen verrichten, ohne zu viel Kontrolle.

Gesamtpunktzahl

Ich möchte so viel wie möglich verdienen.

Ich würde meinen Job gerne souverän beherrschen.

Ich schätze es, von Leuten, mit denen ich zusammenarbeite – Kollegen, Kunden oder Vorgesetzten –, gelobt zu werden.

Gesamtpunktzahl

Ich lege großen Wert darauf, bei der Arbeit echte Freundschaften zu schließen.

Ich helfe anderen gerne bei ihren Aufgaben.

Ich arbeite lieber eng mit Kollegen zusammen, statt alles im Alleingang zu tun.

Gesamtpunktzahl

Zählen Sie Ihre Antworten für jeweils drei Fragen zusammen. Damit haben Sie eine Gesamtpunktzahl für die Fragen 1, 2 und 3 sowie 4, 5 und 6 und so weiter. Die ersten drei Aussagen legen den Schwerpunkt auf das Lernen, die nächsten drei auf den Grad der Selbständigkeit, die folgenden drei auf das Erreichen des Ziels und die letzten drei auf den Kontakt zu anderen. Ihre Punktzahl zeigt, welchen Stellenwert Sie jedem einzelnen dieser Bereiche beimessen. Bereiche mit einer Punktzahl von 12 oder mehr sind von besonderer Bedeutung für Sie.

Welche Aspekte sind Ihnen am wichtigsten? Sobald Sie sie identifiziert haben, können Sie mit ihrer Hilfe Ihr ideales Arbeitsleben visualisieren.
S. S.

Räumen Sie alles in einem Rutsch auf – so werden Sie nicht rückfällig

«Ich habe meinen Schreibtisch x-mal aufgeräumt, aber wenn ich mich einmal umdrehe, ist da schon wieder ein einziges Chaos.»

Immer wieder suchen mich Menschen auf, weil sie in alte Verhaltensmuster zurückgefallen sind. Jeder, der einmal gründlich aufgeräumt hat, kennt das vermutlich aus eigener Erfahrung – so auch meine Kollegin Jun. «Weißt du, ich räume meinen Schreibtisch regelmäßig auf», sagte sie, als sie mir ihren Arbeitsplatz zeigte. «Es mag zwar nicht so aussehen, aber es macht mir wirklich nichts aus aufzuräumen.»

Wenn ich einen hübschen, aufgeräumten Schreibtisch sehe, werfe ich einen flüchtigen Blick darauf und wende mich dann den Stellen zu, die nicht im Sichtfeld liegen. Ich beginne mit den Schubladen. Darin finde ich häufig eine Vielzahl unbenutzter Stifte und alter Visitenkarten, ein Durcheinander von Büroklammern und Radiergummis, einen alten Lippenbalsam, einen hart gewordenen Kaugummi, Plastikbesteck, Papierservietten sowie Portionsbeutel Ketchup und Sojasauce, die vermutlich noch von einem Essen zum Mitnehmen stammen.

Dann schiebe ich den Bürostuhl zurück, gehe in die Hocke, schaue unter den Schreibtisch und hole die Pappschachteln und Papiertüten hervor, die dort häufig verstaut worden sind. Gewöhnlich sind sie vollgestopft mit Büchern, Unterlagen, Kleidungsstücken, Schuhen und Snacks. Mein Verhalten ruft meist Erstaunen hervor. «Finden Sie, dass ich auch *unter* meinem Schreibtisch aufräumen sollte?», werde ich gefragt. Ja, denn es reicht nicht, lediglich oberflächliche Ordnung zu schaffen.

Wenn Sie so gründlich aufräumen wollen, dass Sie nie mehr im Chaos versinken, sollten Sie ein Ziel haben: jedem einzelnen Gegenstand in Ihrem Arbeitsbereich seinen festen Platz zuzuweisen. Welche Art von Dingen haben Sie und wie viele? Wo bewahren Sie sie auf? Welche Gegenstände häufen sich tendenziell während der Arbeit an? Und wo bringen Sie diese dann unter? Erst nachdem Sie sich einen genauen Überblick über all diese Dinge verschafft haben, können Sie behaupten, Ordnung hergestellt zu haben.

Und wie können Sie das erreichen? Ordnen Sie Ihren gesamten Arbeitsbereich nach Kategorien, und zwar auf einmal. Wenn Sie heute lediglich auf Ihrem Schreibtisch aufräumen, sich die erste Schublade dann für morgen vornehmen, die zweite für übermorgen und alle weiteren Dinge danach, immer dann, wenn Sie mal ein bisschen Zeit haben, werden Sie es nie schaffen, Ihren Arbeitsplatz aufzuräumen.

Als Erstes müssen Sie sich Zeit fürs Aufräumen blocken. Dann ordnen Sie alle Ihre Gegenstände nach Kategorien und entscheiden, welche davon Sie behalten und welche Sie aussortieren sollten. Danach legen Sie fest, wo Sie die Dinge, von denen Sie sich nicht trennen, aufbewahren.

Gehen Sie in genau dieser Reihenfolge vor.

Ab Kapitel 3 erklären Scott und ich detailliert, wie materielle Dinge und die immateriellen Bestandteile Ihrer Arbeit entsprechend der jeweiligen Kategorie geordnet werden sollten. Für jetzt müssen Sie sich nur merken: Der Schlüssel zum Erfolg liegt darin, nach Kategorien geordnet aufzuräumen, und zwar schnell, vollständig und in einem Schwung. Das ist die Essenz der KonMari-Methode, und sie gilt unabhängig davon, ob Sie Ihren Arbeitsplatz oder Ihr Zuhause aufräumen.

Das mag anstrengend klingen, aber machen Sie sich keine Sorgen. Es ist viel einfacher, den Arbeitsplatz aufzuräumen, als zu Hause Ordnung zu schaffen. Der Grund: Unser Arbeitsplatz ist viel kleiner und umfasst weniger Kategorien von Dingen. Das erleichtert die Entscheidung, welche Gegenstände man behalten möchte und wo man sie aufbewahrt. So erfordert das Aufräumen des Arbeitsplatzes sehr viel weniger Zeit.

Um ein Zuhause nach der KonMari-Methode aufzuräumen, benötigt eine alleinstehende Person, die nicht allzu viel Dinge besitzt, mindestens drei Tage; eine Familie zwischen einer Woche und mehreren Monaten, je nachdem, wie viel Sachen sie besitzt. Dagegen braucht man, um seinen Schreibtisch aufzuräumen, durchschnittlich nur fünf Stunden, je nachdem, wo Sie arbeiten, vielleicht sogar nur drei. Selbst jemand, der über mehr Platz verfügt, eine eigene Arbeitsnische oder sogar ein eigenes Büro hat, benötigt fürs Aufräumen gewöhnlich nicht mehr als zehn Stunden. Wenn Sie zwei Tage erübrigen können, sollte es Ihnen gelingen, die physischen Aspekte Ihres Arbeitsplatzes ein für alle Mal in Ordnung zu bringen.

Es ist eine echte Herausforderung, sich Zeit fürs Aufräumen zu nehmen. Falls es Ihnen nicht möglich ist, fünf Stunden am Stück dafür zu blocken, versuchen Sie, es auf mehrere Male aufzuteilen. Meine Klienten halten sich gewöhnlich an folgendes Schema: Sie kommen dreimal zwei Stunden vor Arbeitsbeginn ins Büro und räumen jeweils bis zu Beginn ihrer Arbeitszeit auf. Diejenigen Klienten, die ihre Aufräumeinheiten zeitlich eng aufeinanderfolgen lassen, entwickeln erfahrungsgemäß eine gewisse Routine, sodass sie schneller fertig werden. Wenn Sie also nicht viel Zeit erübrigen können, empfehle ich Ihnen, die Aufräumeinheiten kurz hintereinander einzuplanen, damit Ihr Schwung nicht nachlässt. Wenn Sie den Prozess in die Länge ziehen, müssen Sie wahrscheinlich jedes Mal wieder von vorn anfangen – das ist ineffizient und völlige Zeitverschwendung.

Wenn ich empfehle, «schnell, vollständig und in einem Schwung» aufzuräumen, habe ich einen Zeitrahmen von etwa einem Monat im Kopf. Einige Menschen sind von dieser Größenordnung überrascht. Doch verglichen mit den Jahren, in denen viele von ihnen sich mit einem chaotischen

Schreibtisch abgefunden haben, ist ein Monat nicht viel Zeit. Obwohl es großartig wäre, alles in ein oder zwei Tagen aufgeräumt zu haben, ist es kein Problem, wenn es länger dauert. Wichtig ist, dass Sie sich eine Deadline setzen. Sie können z. B. festlegen, dass Sie Ende des Monats fertig sein wollen, und dann bestimmte Zeitfenster fürs Aufräumen blocken. Wenn Sie sich vornehmen aufzuräumen, wenn Sie mal Zeit dafür haben, werden Sie nie zum Ende kommen.

Räumen Sie also richtig und in einem Schwung auf, und bestimmen Sie für jeden einzelnen Gegenstand einen Platz. Wenn Sie wissen, wo alles verstaut ist, behalten Sie den Überblick, selbst wenn sich immer mehr Gegenstände ansammeln. So halten Sie weiterhin Ordnung an Ihrem Arbeitsplatz. Jeder kann sich einen angenehmen Arbeitsbereich gestalten, ohne in alte unordentliche Verhaltensmuster zurückzufallen – wenn er nur die richtige Aufräummethode lernt.

Was wollen Sie behalten?

Bereitet es Freude?

Diese Frage ist der Schlüssel zur KonMari-Methode. Sie dient als einfaches, aber sehr effektives Tool für das Aufräumen zu Hause, eines persönlichen, intimen Raums. Wir nehmen jeden Gegenstand in die Hand und beschließen, nur diejenigen zu behalten, an denen wir Freude haben. Die übrigen sortieren wir aus.

Aber wie verhält es sich mit dem Arbeitsbereich? Im Job gehören Dinge wie Verträge, Entwürfe bevorstehender Meetings und Firmen-IDs einfach dazu, auch wenn sie nicht unbedingt Freude auslösen. Sie sind genauso unverzichtbar wie Tesafilm, Hefter, Aktenvernichter und andere Gebrauchsgegenstände. Wir verwenden diese Dinge, haben als Angestellte aber keine Berechtigung, sie auszusortieren, falls sie uns nicht zusagen.

Wenn Sie sich gründlich an Ihrem Arbeitsplatz umsehen, stellen Sie vielleicht fest, dass Ihr Schreibtisch hässlich ist, Ihr Bürostuhl langweilig und auch das Design der Taschentuch-Box im Gemeinschaftsraum nicht gerade inspiriert. Je mehr Sie sich umsehen, desto deutlicher wird sich herauskristallisieren, dass Sie den Verbleib von Dingen nicht allein anhand der Frage entscheiden können, ob sie Freude bereiten oder nicht. Aber bevor dieser Gedanke Ihre Aufräummotivation bremst, wollen wir zu den Grundlagen zurückkehren.

Warum wollen Sie aufräumen?

Wie auch immer Sie sich Ihr ideales Arbeitsleben vorstellen, wir alle verfolgen dasselbe Ziel: Spaß an unserer Arbeit zu haben. Das Wichtigste beim Aufräumen ist es also, die Dinge auszuwählen, die dazu beitragen, und die Gegenstände, die Sie behalten, wertzuschätzen.

Es gibt drei Arten von Dingen, die Sie behalten sollten:

Erstens Dinge, die Ihnen persönlich Freude bereiten, wie z. B. ein Lieblingskuli, ein Notizblock mit einem besonders schönen Design oder ein Foto Ihrer Lieben.

Zweitens funktionale Dinge, die Ihnen bei der Arbeit helfen und die Sie häufig benutzen – wie Heftklammern oder strapazierfähiges Klebeband. Sie sorgen nicht in erster Linie für Spaß, erleichtern aber Ihre tägliche Arbeit. Sie in Griffweite zu haben beruhigt, und sie ermöglichen es Ihnen, sich besser auf Ihren Job zu fokussieren.

Drittens Dinge, die künftig für Freude sorgen werden. Belege z. B. sind nicht gerade prickelnd, aber sie haben immerhin den Vorteil, dass Ihnen Vorauszahlungen rückerstattet werden, wenn Sie sie vorlegen. Unterlagen zu einem Projekt, das Ihnen momentan vielleicht weniger zusagt, können sich als Vorteil für Ihre weitere Laufbahn erweisen, wenn Sie die Arbeit gewissenhaft erledigen. Und wenn Ihnen Lob für Ihre Zuverlässigkeit wichtig ist, wird Ihnen auch dies in Zukunft Freude bereiten.

Behalten Sie diese drei Kategorien im Hinterkopf: Dinge, die direkt Spaß machen, solche, die funktionale Freude bereiten, und jene, die Ihnen künftig Freude bereiten werden. Das sind die Kriterien, um zu entscheiden, welche Gegenstände Sie in Ihrem Arbeitsbereich behalten wollen.

Wenn der Ausdruck *Freude bereiten* nicht zu Ihrem Arbeitsbereich passt, dann ersetzen Sie ihn durch einen anderen, der dasselbe ausdrückt. Ich kenne z. B. einen CEO, der es so formulierte: *Wird dies meiner Firma zum Erfolg verhelfen*? Ein Bankangestellter fragte sich: *Spüre ich Vorfreude*?, und ein Abteilungsleiter und Baseballfan pflegte zu sagen: *Gehört dies zum ersten Team, zum Nachwuchsspielerteam, oder hat es nichts damit zu tun?* Wichtig ist, dass der Gegenstand, den Sie in die Hand genommen haben, eine positive Rolle bei Ihrer Arbeit spielt. Denken Sie immer daran, dass es beim Aufräumen nicht darum geht, Dinge auszusortieren und Ihren Schreibtisch auf Vordermann zu bringen, sondern darum, Ihr ideales Arbeitsleben zu verwirklichen: dasjenige, das Ihnen Spaß macht.

Die Entscheidung, was man wegwirft, ist etwas anderes als die Entscheidung, was Freude bereitet

Wenn Sie glauben, Dinge auszuwählen, die Spaß machen, und Dinge auszuwählen, die Sie aussortieren möchten, sei das Gleiche, dann müssen Sie noch einmal in sich gehen. Auch wenn das Behalten und das Aussortieren von Dingen wie zwei Seiten derselben Medaille erscheinen mögen, liegen aus psychologischer Sicht Welten zwischen ihnen. Wenn wir das wählen, was Spaß macht, fokussieren wir uns auf die positiven Aspekte der Dinge, die wir besitzen. Das Gegenteil ist der Fall, wenn wir das wählen, was wir aussortieren wollen: In diesem Fall liegt der Akzent auf den negativen Aspekten.

Daten belegen, dass negative Gefühle stärkeren Einfluss auf unser Denken haben als positive.[1] Eine Studie, in der 558 englische Begriffe für verschiedene Emotionen untersucht wurden, ergab, dass 62 Prozent davon negativ waren und lediglich 38 Prozent positiv. In einer weiteren Studie schrieben Teilnehmer aus sieben Ländern (Belgien, Kanada, England, Frankreich, Italien, Niederlande und Schweiz) alle Emotionen auf, die ihnen innerhalb von fünf Minuten einfielen. Sie notierten ausnahmslos mehr negative als positive Begriffe. Darüber hinaus wurden von den am häufigsten verwendeten Begriffen nur vier von den Probanden aller sieben Nationen genannt. Drei davon waren negativ: *Traurigkeit, Wut und Angst*. Der einzige positive Begriff, der in allen sieben Ländern genannt wurde, war *Freude*.

Dieses Beispiel demonstriert, dass das menschliche Gehirn negativen Erfahrungen mehr Gewicht beimisst als positiven. Wenn wir uns beim Aussortieren also auf das Negative konzentrieren, können wir bestenfalls hoffen, dass wir das ausmisten, was wir nicht mögen.

Nicht krank zu sein ist nicht dasselbe, wie gesund zu sein, nicht arm zu sein nicht dasselbe, wie reich zu sein, und nicht traurig zu sein nicht dasselbe, wie glücklich zu sein. Analog gilt: Sich von Dingen zu trennen, die wir nicht mögen, ist nicht dasselbe, wie Dinge auszuwählen, die uns Freude bereiten.

Fokussieren Sie sich also beim Aufräumen auf das Positive – auf die Dinge, die Sie mögen. Dann werden Sie feststellen, dass Ihnen Aufräumen wirklich Spaß macht.

S. S.

Schaffen Sie eine Umgebung, in der Sie sich konzentrieren können

In der gedämpften Atmosphäre des Büros hört man während einer Aufräumsession lediglich das Klappern der Tastatur und das Gemurmel von mir und meinem Klienten.

«Bereitet Ihnen dies Freude?»

«Ja.»

«Ist das hier wichtig?»

«Nein, ich brauche es nicht mehr.»

«Und was ist mit diesem Dokument?»

Mein Klient senkt die Stimme zu einem Flüstern. «Ah, da geht es um jemanden, der letztes Jahr gekündigt hat. Wissen Sie, es gab da ein bisschen Ärger.»

«Oh, tut mir leid.»

Als ich damit begann, Geschäftsführern beizubringen, wie man aufräumt, lernte ich während dieser Sitzung mit meinem Klienten eine wichtige Lektion: In einem ruhigen Büro kann eine Aufräumaktion ziemlich auffallen, weil es schwer ist, miteinander zu reden, ohne die anderen zu stören. Mein armer Klient muss sich etwas unbehaglich gefühlt haben.

Wenn Sie in Ihrem Arbeitsbereich für Ordnung sorgen, sollten Sie ein Ambiente schaffen, das Ihnen hilft, sich zu konzentrieren. Falls Sie sich ständig fragen, was wohl die anderen denken, ist das Timing also besonders wichtig. Wenn Sie an freien Tagen Zugang zu Ihrem Arbeitsplatz, Büro oder Ihrer Arbeitsnische haben, stehen Ihnen mehr Zeiträume zum Aufräumen zur Verfügung. Arbeiten Sie in einem Großraumbüro und müssen das Aufräumen während der Woche besorgen, werden Sie es vermutlich vor oder nach der Arbeit angehen müssen, wenn Sie die anderen nicht stören wollen. Ich traf mich mit meinen Klienten für gewöhnlich zwischen sieben und neun Uhr morgens, vor ihrem eigentlichen Arbeitsbeginn.

Sich morgens als Erstes dem Aufräumen zu widmen hat viele Vorteile. Wenn Sie wissen, dass Sie um neun Uhr mit Ihrer Arbeit beginnen müssen, packen Sie das Aufräumen konzentrierter und effizienter an. Und da Sie noch frisch und munter sind, sind Sie dem Prozess an sich viel positiver gegenüber eingestellt und genießen ihn. In dieser Verfassung können Sie viel leichter entscheiden, welche Dinge Sie behalten und welche Sie aussortieren wollen. Deshalb erklärte ich meinen Klienten viele Jahre lang, dass frühmorgens die beste Zeit sei, um Ordnung in ihrem Arbeitsbereich zu schaffen. Mittlerweile habe ich meine Meinung jedoch aufgrund der Erfahrungen, die ich durch meine Arbeit in anderen Ländern gewonnen habe, geändert.

In Japan ist es normal, dass die Menschen sehr lang im Büro bleiben, was es nicht gerade einfach macht, nach der Arbeit aufzuräumen. In Amerika hingegen ist in vielen Firmen nach 18 Uhr kaum mehr jemand im Büro anzutreffen. Freitags machen die Angestellten meist schon ab 15 Uhr nach und nach Feierabend. In solchen Fällen ist es durchaus möglich, das Aufräumen nach Büroschluss in Angriff zu nehmen.

Ich habe noch einen weiteren Unterschied festgestellt: Die meisten Amerikaner, mit denen ich ins Gespräch kam, erklärten mir, dass es ihnen überhaupt nichts ausmache, wenn jemand während der Arbeitszeit aufräume, selbst wenn es dabei lauter zugehe. Um sicherzugehen, dass ich das richtig verstanden hatte, fragte ich: «Selbst in einem Großraumbüro, in dem es mucksmäuschenstill ist?» Die Angestellten bejahten das. Wie man ein Büro *diskret* aufräumte – ein Problem, mit dem ich mich jahrelang beschäftigt hatte –, spielte in Amerika eine viel geringere Rolle.

In Japan gilt es als höflich, die Bedürfnisse anderer wichtig zu nehmen und darauf zu achten, seine Mitmenschen nicht zu stören. Ich bin davon überzeugt, dass dies grundsätzlich auch für Amerika und die meisten anderen Länder gilt. Die Erfahrung mit dem Aufräumen während der Arbeitszeit zeigte mir jedoch, dass man sich nicht überall durch die gleichen Dinge gestört fühlt.

Wenn wir aufräumen, sollten wir ein Umfeld schaffen, in dem wir uns wohlfühlen, sodass wir uns auf das Aufräumen konzentrieren können. Das kann bedeuten, einen Zeitpunkt zu wählen, in dem weniger Menschen im Büro sind, oder unsere Kollegen über unser Vorhaben zu informieren. Wir könnten sie sogar einladen, sich uns anzuschließen. Wenn möglich, empfehle ich, dass die gesamte Firma gleichzeitig aufräumt.

Ein japanischer Verleger aus meinem Bekanntenkreis gab am Ende des Jahres jedem Angestellten einen Tag frei, um seinen Arbeitsplatz aufzuräumen. Offensichtlich hatte das einen derart positiven Effekt auf das Arbeitsklima, dass der Verlag einen Bestseller nach dem anderen herausbrachte.

Aufräumen erhöht die Arbeitseffizienz jedes Einzelnen und fördert eine positive Einstellung – mit beeindruckenden Ergebnissen. Selbst wenn es nicht möglich ist, die gesamte Firma mit einzuschließen: Wäre es nicht großartig, wenn eine Abteilung oder Mitglieder eines Teams beschließen würden, gemeinsam Ordnung zu schaffen?

Legen Sie los mit Ihrem Aufräumfestival!

Als ich damit begann, Geschäftsführern Aufräumtipps zu geben, wurde mein Leben immer umtriebiger. An Wochentagen gab ich morgens zwischen sieben und neun Uhr Aufräumunterricht und arbeitete zusätzlich von neun Uhr dreißig bis spätabends in meinem Vertriebsjob. An den Wochenenden bot ich Aufräumcoachings für zu Hause an. Bei Unterhaltungen mit meinen Kollegen ließ ich einfließen, dass ich übers Wochenende einer Klientin geholfen habe, ihre Küche aufzuräumen, oder dass ein Geschäftsführer heute Morgen vier Mülltüten voller Papier entsorgt hat. Im Nu wusste jeder in der Firma, dass ich Aufräumcoachings gab, und immer mehr Kollegen und Vorgesetzte meldeten sich dafür an.

Meine Tage waren ausgefüllt und befriedigend, aber ich hätte mir nie träumen lassen, dass Aufräumen mein Beruf werden würde. Meine Kollegen dankten mir, indem sie mich zum Essen ausführten, und obwohl ich von Klienten außerhalb der Firma für meine Dienste bezahlt wurde, betrachtete ich das Aufräumen immer noch als Nebenjob.

Eines Tages jedoch wandte sich ein Klient mir zu, der gerade mit meiner Hilfe aufgeräumt hatte. Wir bewunderten gemeinsam seinen perfekt aufgeräumten Schreibtisch, und er sagte: «Sie sollten diese Aufräummethode unbedingt allen zugänglich machen. Sie sind die Einzige, die das kann.» Diese Worte machten mir bewusst, dass viele Menschen das brennende Verlangen haben aufzuräumen – und ich war ihnen dabei gerne behilflich. Das brachte mich auf den Gedanken, mich selbständig zu machen. Schließlich kündigte ich und konzentrierte mich auf meine Arbeit als Aufräumcoach.

Seither habe ich viel Erfahrung als Beraterin gesammelt und dabei einige verheerende Missverständnisse übers Aufräumen entdeckt: Die meisten Menschen glauben z. B., Aufräumen sei eine mühevolle Pflicht, die sie ihr gesamtes Leben täglich würden erfüllen müssen. Vielleicht vertreten auch einige von Ihnen diese Meinung. Aber es gibt zwei Arten des Aufräumens: das Alltags-Aufräumen und das Festival-Aufräumen. Beim Alltags-Aufräumen legen Sie alle Gegenstände, die Sie während des Tages benutzt haben, wieder an ihren Platz zurück und wissen, wohin alles Neue innerhalb Ihres Ablagesystems gehört. Beim Aufräum-Festival bewerten Sie Ihren gesamten Besitz neu, fragen sich, ob die einzelnen Dinge noch immer wichtig für Sie sind, und erstellen ein eigenes Aufbewahrungssystem. Ich nenne diesen Vorgang «Aufräum-Festival», da es in relativ kurzer Zeit, intensiv und vollständig in Angriff genommen wird.

Im Job bedeutet ein Aufräum-Festival nicht nur die Überprüfung jedes einzelnen Gegenstands Ihres Arbeitsbereichs, sondern auch die Überprüfung aller immateriellen Aspekte. Wenn Sie z. B. Ihre E-Mails sortieren, müssen Sie auch die Art von Mails prüfen, die in Ihrem Posteingang bleiben, und Ihr Zeitmanagement in den Griff zu bekommen bedeutet, sich klarzumachen, wie viel Zeit Sie für jede Tätigkeit aufwenden. Diese Vorgehensweise vermittelt Ihnen ein vollständiges Bild dessen, was Sie haben. Wenn Sie die Gegenstände sämtlicher Kategorien einen nach dem anderen durchsehen, können Sie erkennen, welche Sie behalten sollten, wo sie verstaut werden oder welchen Sie Priorität einräumen sollten.

Beide Aufräumarten sind wichtig, aber zweifellos hat ein Aufräum-Festival den größten Einfluss auf unser Leben. Deshalb empfehle ich, dass Sie erst Ihr Aufräum-Festival beenden, bevor Sie darüber nachdenken, wie Sie Ihren Arbeitsbereich täglich in Ordnung halten können. Wenn Sie alles in einem Abwasch ordnungsgemäß aufräumen und so einen hübschen, ordentlichen Arbeitsbereich schaffen, wird sich dieses positive Gefühl in Sie einschreiben und Sie auf natürliche Art dazu inspirieren, Ihren Arbeitsbereich weiterhin ordentlich zu halten. Natürlich gilt diese Vorgehensweise nicht nur für die materiellen Dinge, sondern auch für die immateriellen Bestandteile unserer Arbeit, wie z. B. digitale Daten und Netzwerke – darüber erfahren Sie ab Kapitel 4 mehr. Bewerten Sie also als Erstes Ihre derzeitige Situation, wählen Sie dann das aus, was Sie wirklich behalten wollen, und genießen Sie es schließlich, an einem aufgeräumten Platz zu arbeiten.

Fangen wir an. Machen Sie den ersten Schritt, indem Sie sich fragen, welche Art von Arbeitsleben Ihnen Freude bereitet, und stellen Sie es sich plastisch vor. Dann lassen Sie uns Ihnen helfen, loszulegen, um Ihr Ideal in die Realität umsetzen zu können. Mit der richtigen Einstellung und der geeigneten Methode können Sie das Arbeitsleben führen, das Sie sich immer erträumt haben.

KAPITEL 3

Ordnung schaffen am Arbeitsplatz

Lassen Sie uns zunächst einen Blick auf die konkreten Schritte werfen, die Sie für das Aufräumen Ihres Arbeitsplatzes unternehmen sollten. Wie man bei den immateriellen Dingen Ordnung schafft, werden wir im Anschluss zeigen.

Ob Sie an einem Schreibtisch in einem Großraumbüro arbeiten, ein eigenes Büro haben oder in einer Arbeitsnische sitzen – für alle gelten dieselben Grundregeln der KonMari-Methode.

Schaffen Sie zunächst nur in den Bereichen Ordnung, für die Sie allein verantwortlich sind. Das ist eine Grundregel des Aufräumens und bedeutet im Grunde genommen, dass Sie mit Ihrem eigenen Schreibtisch beginnen. Sollte es Gemeinschaftsräume geben, z.B. einen Aufbewahrungsort für Büromaterial, einen Pausen- oder einen Tagungsraum, schenken Sie ihnen im Augenblick keine Beachtung, selbst wenn sie nicht so ordentlich sind, wie Sie es sich wünschen.

Wenn Sie zu Hause arbeiten, trennen Sie Ihre Arbeitsgegenstände von den privaten. Wenn z.B. einige Ihrer Bücher und Unterlagen berufsbezogen sind, andere hingegen nicht, dann konzentrieren Sie sich im Augenblick lediglich auf die berufsbezogenen. Sparen Sie sich die persönlichen Gegenstände für einen anderen Zeitpunkt auf, wenn Sie Ihr Zuhause in den Blick nehmen.

Haben Sie ein eigenes Atelier oder eine eigene Werkstatt, gelten dieselben Prinzipien. Je nachdem, wie viele Dinge Sie besitzen, nimmt das Aufräumen aber vielleicht mehr Zeit in Anspruch. Wer ein sehr geräumiges Büro hat oder Schränke und Regale voller Werkzeuge und Zubehörteile, sollte ebenso mehr Zeit fürs Aufräumen einplanen wie Menschen, die viele Produkte oder Kunstwerke besitzen. Geben Sie sich bis zu zwei Monaten, um mit dem Aufräumen fertig zu werden.

Bei der KonMari-Methode ist die Reihenfolge des Aufräumens wichtig. Zu Hause empfehle ich für gewöhnlich, mit der Kleidung anzufangen und dann zu den schwierigeren Kategorien überzugehen, und zwar in folgender Reihenfolge: Bücher, Unterlagen, *komono* (Kleinkram/Verschiedenes) und sentimentale Gegenstände. Ich rate zu dieser Vorgehensweise aus folgenden Gründen: Wenn wir mit der leichtesten Kategorie beginnen und uns zur schwersten durcharbeiten, hilft uns das bei unserer Entscheidung, was wir behalten und wo es aufbewahrt wird. Wollen Sie Ihren Arbeitsbereich in Ordnung bringen, lassen Sie einfach die Kleiderkategorie beiseite und starten Sie mit Büchern, Unterlagen, *komono*. Zuletzt widmen Sie sich dann den emotional aufgeladenen Gegenständen.

Für das Aufräumen dieser Kategorien gelten dieselben Regeln. Konzentrieren Sie sich jeweils auf eine Kategorie. Beginnen Sie damit, alle Gegenstände derselben Kategorie oder Subkategorie an einer Stelle zu sammeln. Geht es z. B. um die *komono*-Subkategorie Stifte, holen Sie alle Stifte aus den Schubladen und legen Sie sie auf Ihren Schreibtisch. Entscheiden Sie, welche Sie behalten wollen. Diese Vorgehensweise gibt Ihnen einen klaren Überblick darüber, was Sie in jeder Kategorie besitzen. Das erleichtert Ihnen die Entscheidung, was Sie behalten und was Sie aussortieren wollen, und hilft Ihnen im nächsten Schritt, den Aufbewahrungsort für jede Kategorie festzulegen.

Was Sie in puncto Aufbewahrung beachten sollten, erfahren Sie auf den Seiten 57–59. Warten Sie mit dem Verstauen, bis Sie entschieden haben, welche Gegenstände Sie behalten wollen – oder bis Sie wissen, welche Ihnen Freude bereiten. Gehen Sie genauso bei jeder weiteren Kategorie vor.

Sobald Sie diese Grundregeln verstanden haben, ist es an der Zeit, Ihren Schreibtisch nach Kategorien zu ordnen.

Bücher: Entdecken Sie Ihre Schätze!

Den Bestseller, den Sie irgendwann lesen wollten, den Ratgeber über Buchhaltung, den Sie zu Fortbildungszwecken gekauft hatten, das Buch, das ein Klient Ihnen geschenkt hat, die Wirtschaftszeitung, die von der Firma ausgelegt wurde ... Welche Bücher haben Sie an Ihrem Arbeitsplatz?

Bücher enthalten wertvolles Wissen, das uns bei unserer Arbeit helfen kann. Wenn wir sie auf dem Schreibtisch liegen haben oder sie geordnet im Bücherregal stehen, können sie uns inspirieren oder uns ein Gefühl von Sicherheit geben. Während des Mittagessens oder in den Kaffeepausen zu lesen kann uns motivieren, und darüber hinaus verleihen Bücher unserem Arbeitsplatz einen persönlichen Touch. Oft bewahren wir sie allerdings aus den falschen Gründen auf.

Eine meiner Klientinnen besaß in ihrem Büro ein Regal voller Bücher. Als wir sie zählten, stellten wir fest, dass es über 50 waren. Mehr als die Hälfte davon standen seit mindestens zwei Jahren ungelesen in dem Regal.

«In meinem nächsten Urlaub werde ich viele davon lesen», nahm sich meine Klientin vor. Doch als wir uns wiedertrafen, gestand sie mir, dass sie auf halber Strecke aufgegeben habe. Das überraschte mich nicht. Die Bücher, die sie tatsächlich gelesen hatte, waren die, die sie als Letztes gekauft hatte. «Sie ungelesen zu lassen erschien mir eine derartige Verschwendung, dass ich sie jetzt im Eiltempo gelesen habe», sagte sie. «Aber eigentlich habe ich das nur aus reinem Pflichtgefühl getan – Spaß gemacht hat es mir überhaupt nicht. Das erschien mir dann eine noch größere Verschwendung, also beschloss ich, die meisten zu entsorgen.»

Letztlich behielt sie lediglich 15 sorgfältig ausgewählte Bücher in ihrem Büro.

Genau wie für bestimmte andere Dinge in unserem Leben gibt es auch für Bücher den perfekten Zeitpunkt, um sie zu lesen. Häufig verpassen wir allerdings diesen Zeitpunkt. Wie sieht es bei Ihnen aus? Haben Sie Bücher an Ihrem Arbeitsplatz, die ihre beste Zeit hinter sich haben?

Wenn Sie unter Ihren Büchern Ordnung schaffen wollen, stapeln Sie sie an einer Stelle. Auch wenn Sie meinen, es sei besser, sie auszusortieren, wenn sie noch im Bücherregal stehen, überspringen Sie bitte das Stapeln nicht. Bücher, die lange in einem Regal gestanden haben, sind quasi mit ihm verwachsen. Sie nehmen sie nicht mehr wahr, auch nicht, wenn sie direkt in Ihrem Blickfeld stehen. Deshalb fällt es schwerer festzustellen, welche von ihnen uns noch Freude bereiten. Erst, wenn Sie eines nach dem anderen in die Hand nehmen, können Sie sie als eigenständige Einheiten wahrnehmen.

Wenn Sie sich nicht entscheiden können, ob ein bestimmtes Buch Ihnen noch Freude bereitet oder nicht, stellen Sie sich bestimmte Fragen: Wann habe ich es gekauft? Wie oft habe ich es gelesen? Will ich es noch mal lesen?

Haben Sie das Buch noch nicht gelesen, führen Sie sich den Moment vor Augen, als Sie es gekauft haben. Das kann Ihnen helfen zu entscheiden, ob Sie es noch brauchen. Wenn es zu den Büchern gehört, die Sie «irgendwann» lesen wollten, empfehle ich, sich eine Frist dafür zu setzen. Ohne bewussten Vorsatz kommt das «Irgendwann» nie.

Außerdem sollten Sie sich die Frage stellen: Welche Rolle spielt dieses Buch in meinem Leben? Bücher, die Freude hervorrufen, sind jene, die Sie jedes Mal aufs Neue motivieren und energetisieren, wenn Sie sie lesen, solche, deren bloßes Vorhandensein Sie mit Freude erfüllt. Es sind Bücher, die Sie auf den neuesten Stand bringen und die Ihnen helfen, sich zu verbessern, wie z. B. Handbücher. Im Gegensatz dazu haben Bücher, die Sie aus einem Impuls heraus gekauft haben oder weil Sie jemanden beeindrucken wollten, in dem Moment ihren Zweck erfüllt, in dem Sie sie erworben haben. Dasselbe gilt für Bücher, die Sie geschenkt bekommen haben, aber von denen Sie wissen, dass Sie sie wohl nie lesen werden. Es ist an der Zeit, sie voller Dankbarkeit für die Freude, die sie Ihnen einst bereitet haben, auszusortieren.

Eine letzte Frage lautet: Würden Sie dieses Buch auch jetzt noch kaufen, wenn Sie es in einer Buchhandlung entdeckten, oder ist es inzwischen uninteressant? Die Tatsache, dass Sie einmal Geld dafür ausgegeben haben, bedeutet noch lange nicht, dass Sie jedes Buch zu Ende lesen müssen. Viele Bücher erfüllen ihren Zweck, bevor sie gelesen worden sind, das gilt insbesondere für die, die Sie zur selben Zeit zum selben Thema gekauft haben. Danken Sie auch ihnen für die Freude, die sie Ihnen beim Kauf bereitet haben, und verabschieden Sie sich dann von ihnen.

Der Zweck solcher Fragen ist nicht, Sie zu einem unüberlegten «Ausmisten» Ihrer Bücher zu zwingen, sondern Ihnen dabei zu helfen festzustellen, wie Sie zu jedem einzelnen Ihrer Bücher stehen. Das lässt Sie erkennen, ob ein Buch Ihnen zukünftig Freude bereiten wird oder nicht.

Manchmal werde ich nach einem Richtwert gefragt, wie viele Bücher man behalten sollte, aber den gibt es nicht. Die «richtige» Anzahl von Büchern (und auch die von Gegenständen anderer Kategorien) ist individuell verschieden. Der eigentliche Vorteil des Aufräumens besteht darin, dass es Ihnen hilft, Ihren eigenen Maßstab herauszufinden. Wenn Ihnen Bücher Freude bereiten, dann sollten Sie so viele aus voller Überzeugung behalten, wie Sie möchten.

Doch häufig ist der Stauraum am Arbeitsplatz beschränkt. Sollten Sie irgendwann das Gefühl haben, dass die Menge Ihrer Bücher Ihren Vorstellungen eines idealen Arbeitslebens im Weg steht, dann halten Sie inne und passen die Anzahl auf die Weise an, die Sie am wenigsten stresst. Sie könnten die Bücher in das Regal für gebrauchte Bücher in Ihrer Firmen stellen, sie mit nach Hause nehmen, an ein Antiquariat verkaufen oder sie Schulen, Bibliotheken, Krankenhäusern etc. spenden.

Seine Bücher auszumisten ist eine wirksame Methode der Selbstfindung. Die Bücher, die Sie behalten, weil Sie Ihnen Freude bereiten, verraten Ihre persönlichen Wertvorstellungen.

Ken, einer meiner Klienten, war Ingenieur. Sein Ziel zu Beginn des Aufräumprozesses war ein ordentlicher Arbeitsplatz, an dem er effizienter arbeiten konnte. Als ich ihn bat, mir sein ideales Arbeitsleben zu beschreiben, konnte er keine konkreten Angaben machen. Er wusste nur, dass es schön wäre, früher Feierabend machen zu können.

Als Ken seine Bücher durchging, stellte er fest, dass viele von ihnen Persönlichkeitsentwicklung zum Thema hatten und insbesondere davon handelten, wie man ein erfüllteres Lebens führt und mehr Freude in den Arbeitsalltag bringt. Das war aufschlussreich, weil es ihm zeigte, dass er sich danach sehnte, mehr Spaß an seiner Arbeit zu haben und sich selbst zu verwirklichen, indem er sein Bestes gab. Diese Einsichten halfen ihm, die Liebe und Leidenschaft für seine Arbeit zurückzugewinnen.

Sie sehen also: Aufräumen ist eine großartige Entdeckungsreise zum eigenen Ich.

Unterlagen: Die Grundregel lautet, alles auszusortieren

Nach den Büchern sind nun Unterlagen als nächste Aufräumkategorie dran. Hier Ordnung zu schaffen ist meist das Zeitaufwendigste beim Aufräumen des Arbeitsplatzes. Selbst heutzutage, wo Smartphones und Tablets allgegenwärtig sind und gedruckte Unterlagen immer seltener werden, haben wir es noch stets mit jeder Menge Papier zu tun.

Als Faustregel gilt, alles auszusortieren. Meine Klienten wirken meist wie vor den Kopf gestoßen, wenn sie das hören. Natürlich meine ich damit nicht, dass wir ganz auf Papier verzichten sollten. Ich versuche lediglich herauszufinden, wie viel Bestimmtheit wir brauchen, um zu entscheiden, welche Unterlagen unverzichtbar sind und welche weggeschmissen werden können. Bei der Arbeit gibt es nichts Lästigeres als Unterlagen, die sich quasi unbemerkt ansammeln. Einzelne Blätter sind offensichtlich so unscheinbar, dass wir sie anhäufen, ohne groß darüber nachzudenken. Doch wenn wir sie aussortieren wollen, müssen wir ihren Inhalt kennen – und das macht es zeitaufwändig. Noch schlimmer: Je mehr Unterlagen wir horten, desto länger dauert es, bestimmte Dokumente oder Berichte zu finden, und umso mühseliger wird es, sie zu ordnen. Deshalb empfehle ich, in Ihrem Kalender einen Termin allein für das Aufräumen von Unterlagen zu reservieren.

Beginnen Sie wie bei den anderen Kategorien damit, alle Unterlagen an einer Stelle zu sammeln, und gehen Sie sie einzeln durch. Unterlagen gehören zu der einzigen Kategorie, bei der sich beim Aussortieren die Frage erübrigt, ob sie Ihnen Freude bereiten. Stattdessen kommt es auf ihren Inhalt an. Nehmen Sie die Unterlagen ggf. auch aus ihren Umschlägen heraus, und prüfen Sie sie Blatt für Blatt, damit sich keine Werbe-Flyer oder andere unerwünschte Papiere dazwischenschmuggeln.

Es kann hilfreich sein, Unterlagen nach Kategorien zu ordnen, während Sie ihren Inhalt überfliegen. Dann können Sie sie anschließend schneller und müheloser ablegen. Drei grobe Kategorien bieten sich an: unerledigt, muss aufbewahrt werden, soll aufbewahrt werden.

Zu den unerledigten zählen Unterlagen, die ein gewisses Handeln erfordern, z. B. unbezahlte Rechnungen und Projektangebote, die überprüft werden müssen. Ich empfehle, alle in einer Hochkant-Ablagebox zu verstauen, bis Sie sie bearbeitet haben – dann geraten sie nicht mit Unterlagen anderer Kategorien durcheinander.

Wenden wir uns als Nächstes den Unterlagen zu, die wir aufbewahren *müssen*. Das Gesetz verpflichtet uns, bestimmte Arten von Berichten,

Erklärungen, Verträgen und anderen Dokumente für eine vorgeschriebene Zeitspanne aufzuheben. Dabei spielt es keine Rolle, ob sie uns Freude bereiten oder nicht. Sortieren Sie diese Unterlagen nach Kategorien, und legen Sie sie in einem Aktenschrank oder einem Aktenordner ab. Wenn Sie die Originale nicht behalten müssen, können Sie diese auch scannen und elektronisch aufbewahren (siehe Kapitel 4). In diesem Fall empfiehlt es sich, sie nicht während des Aussortierens zu scannen, sondern einen «Später scannen»-Stapel anzulegen und das Scannen dann in einem Zug zu erledigen. Allerdings gibt es beim Scannen einige Fallstricke, auf die ich auf den Seiten 59 f. noch näher eingehe.

Die letzte Kategorie umfasst Unterlagen, die Sie aufbewahren *wollen*. Dazu zählen z. B. Dokumente, die Sie gerne als Referenz behalten möchten, oder solche, die Freude bereiten. Es hängt allein von Ihrem Ermessen ab, ob Sie diese aufbewahren oder nicht. Da Rückfälle in alte Verhaltensmuster jedoch ziemlich häufig vorkommen, wenn jemand einfach nur «aus Gewohnheit» an etwas festhält, sollten Sie sich an die Grundregel für Unterlagen erinnern: alles entsorgen.

Wenn ein Klient sich während meines Aufräumcoachings nicht entscheiden kann, welche Unterlagen er behalten und welche er aussortieren soll, stelle ich oft Fragen zu jeder einzelnen Unterlage: «Wann benötigen Sie sie?», «Wie lange haben Sie sie schon?», «Wie oft nehmen Sie sie noch in die Hand?», «Finden Sie denselben Inhalt im Internet?», «Haben Sie sie bereits auf dem PC gespeichert?», «Wie groß wäre das Problem, wenn Sie sie nicht hätten?» und «Bereiten sie Ihnen wirklich Freude?».

Wenn Sie unsicher sind, ob Sie ein bestimmtes Dokument behalten sollten oder nicht, machen Sie es sich nicht zu leicht. Verpassen Sie diese kostbare Chance nicht. Gehen Sie mit sich selbst hart ins Gericht und verpflichten Sie sich, Ihre Unterlagen so gründlich und vollständig auszumisten, dass Sie nie wieder solchen Papierbergen gegenüberstehen. Schrecken Sie vor dem Grundprinzip zurück, dass eigentlich *alles* ausrangiert werden sollte? Dann stellen Sie sich vor, ich komme in Ihr Büro geplatzt und verkünde, jetzt sofort all Ihre Unterlagen zu vernichten. Was würden Sie tun? Um welche würden Sie kämpfen, um sie vor dem Schredder zu bewahren?

Je nachdem, welchen Job Sie haben, werden Sie vielleicht sogar feststellen, dass Sie die meisten Ihrer Unterlagen wegschmeißen können. Eine Highschoollehrerin berichtete mir, dass sie zwei ihrer Aktenschränke vollständig leer geräumt und alle wichtigen Unterlagen digitalisiert habe – mit der Folge, dass sie effizienter arbeitete.

Ein Manager gewöhnte sich an, bei jeder neuen Unterlage gleich zu entscheiden, ob er sie benötigte. War dies nicht der Fall, vernichtete er sie sofort und hatte so nie wieder mit Papierstapeln zu kämpfen.

Aber Vorsicht, wenn Sie einen Aktenvernichter benutzen: Besagter Manager schredderte seine Papiere so schnell, dass versehentlich ein noch nicht geöffnetes Kündigungsschreiben einer Angestellten dazwischengeriet. (Es handelte sich um meinen früheren Chef, und es war meine Kündigung, die er unabsichtlich vernichtete.)

Wie Sie Unterlagen so aufbewahren, dass Sie nie mehr rückfällig werden

Vielleicht sind einige von Ihnen jetzt etwas verunsichert. Denn selbst wenn Sie einmal gründlich Ordnung schaffen, besteht die Gefahr, dass sich Ihre Unterlagen schnell wieder ansammeln. Aber es ist kein Grund zur Sorge. Solange Sie sich an die drei Ablage-Regeln halten, die ich Ihnen im Folgenden vorstelle, werden Sie nie wieder ein Papierchaos erleben.

Regel 1: Teilen Sie alle Unterlagen bis zum letzten Blatt in Kategorien ein
Beginnen Sie damit, Ihre Unterlagen in eindeutige Kategorien einzuteilen, wie Präsentationen, Projektvorhaben, Berichte und Rechnungen. Sie kön-

nen sie auch nach Datum, Projekten oder den Namen von einzelnen Klienten, Patienten oder Studenten kategorisieren. Einer meiner Klienten legte z. B. Akten für «Design-Ideen», «Management-Ideen», «Englisch lernen» und «Dokumente zum Aufbewahren und zur Erinnerung» an. Verwenden Sie das System, das für Sie am besten funktioniert. Am wichtigsten ist es, kein einziges Blatt Papier «einfach nur so» abzulegen.

Jetzt ist es an der Zeit, Ihre Unterlagen in Kategorien einzuteilen, damit Ihre Arbeit leichter wird. Vergewissern Sie sich, dass jede Unterlage einer Kategorie zugewiesen ist.

Regel 2: Bewahren Sie Ihre Unterlagen hochkant auf

Kennen Sie auch Menschen, die sich ständig fragen: «Wo um alles in der Welt steckt nur dieser Ordner?»? Meist bewahren diese Personen ihre Unterlagen in diversen Schreibtischstapeln auf. Das hat zwei Nachteile: Erstens verlieren sie die Übersicht darüber, wie viele Unterlagen sie überhaupt haben. Zweitens vergessen sie, was ganz unten im Stapel liegt, und verplempern Zeit mit dem Durchwühlen.

Am effizientesten und sinnvollsten ist es, die Unterlagen in einem Hängeregister zu verstauen. Sortieren Sie alle Unterlagen einer Kategorie in dieselbe Mappe und räumen Sie sie dann in einen Aktenschrank oder hochkant in eine Ablage-Box auf einem Regal. So können Sie mühelos feststellen, wie viele Sie besitzen. Außerdem sieht es hübsch und ordentlich aus.

Regel 3: Richten Sie ein Fach für Unerledigtes ein

Richten Sie ein Fach für Unerledigtes ein, in dem Sie nur die Unterlagen aufbewahren, die Sie an diesem Tag abarbeiten müssen. Ich empfehle auch hier ein Hochkant-Ablagefach, damit Sie auf den ersten Blick erkennen können, wie viel Sie bearbeiten müssen. Sie können die Papiere natürlich auch flach in einem Ablagefach verstauen. Achten Sie dann aber darauf, dass Sie die Unterlagen unten im Stapel nicht vergessen. Wenn Sie Ihre Aufgaben erledigt haben, sortieren Sie die Unterlagen aus, die Sie nicht mehr brauchen.

Genau wie beim Aufräumen aller anderen Dinge lassen sich Ihre Unterlagen nach dem Aufräumen unglaublich leicht verwalten, weil Sie genau wissen, wie viel Sie von jeder Kategorie besitzen und wo sie aufbewahrt sind. Sobald Sie Ihre Unterlagen sortiert und entschieden haben, wohin jede einzelne Kategorie gehört, sehen Sie sich an Ihrem Arbeitsplatz um und vergegenwärtigen sich, wie viel Raum Sie maximal zur Verfügung haben. Wenn Sie diese Kapazität überschreiten, werden schnell wieder überall Papierstapel entstehen. Das ist das Zeichen, dass Sie Ihre Unterlagen noch mal durchgehen und all jene aussortieren sollten, die nicht länger aufbewahrt werden müssen. Wenn Sie das regelmäßig tun, können Sie Ihre Unterlagen für immer in Ordnung halten.

Achtung, Scan-Falle!

Scannen ist so praktisch! Nichts ist einfacher, als zu scannen, wenn Sie den Ausdruck entsorgen, das Dokument aber digital aufbewahren wollen. Aber genau diese Annehmlichkeit kann uns manchmal zu Fall bringen.

Einer meiner Klienten erklärte mir, er habe wichtige Seiten seiner Bücher scannen wollen, bevor er sie ausrangierte, doch viel mehr Zeit dafür gebraucht, als er erwartet hatte. Das Scannen machte ihm überhaupt keinen Spaß, also beschloss er, die Seiten stattdessen mit seinem Smartphone zu fotografieren. Aber auch das dauerte länger als erwartet. Schließlich beschloss er, seine Bücher auszusortieren, ohne etwas davon aufzubewahren. Die mühevoll gescannten und fotografierten Seiten würdigte er keines Blickes.

Ein weiteres Beispiel: Der Inhaber einer Zahnarztpraxis legte stets Unterlagen beiseite, die er scannen wollte, bevor er sie ausrangierte. Er kam kaum voran, und der «Später scannen»-Stapel wurde immer größer. Er lagerte die Unterlagen, in Papiertüten verstaut, in der Ecke seines Büros, wo sie erst einen, dann zwei und letztlich drei Monate herumstanden. Bei diesem Tempo würde er nie fertig werden! Ein Jahr später kam ich in sein Büro und war ziemlich schockiert, als ich entdeckte, dass die Tüten mit den Unterlagen, die er scannen wollte, immer noch in der Ecke standen. Als ihm klar wurde, dass er ein ganzes Jahr lang keine einzige dieser Unterlagen in die Hand genommen hatte, fing er an, sie durchzusehen. Er pickte nur die heraus, die unverzichtbar waren, und sortierte die übrigen aus.

Natürlich ist es sinnvoll, wichtige Unterlagen zu scannen. Bevor Sie jedoch damit loslegen, gehen Sie in sich und überlegen Sie, ob Sie diese Scans wirklich brauchen. Machen Sie sich klar, wie viel Zeit das Scannen kostet und wie lange es dauern wird, die gescannten Unterlagen zu sortieren und zu speichern. Sollten Sie über einen Assistenten verfügen, der Ihnen diese Arbeit abnimmt, mag das eine andere Sache sein, aber wenn Sie sie selbst erledigen müssen, könnte Sie dies enorm viel Zeit kosten.

Wollen Sie nach wie vor Unterlagen scannen, dann sorgen Sie dafür, dass Sie in Ihrem Aufräumplan spezielle Zeitfenster dafür einbauen. Sie machen sich etwas vor, wenn Sie sich einreden, dass Sie die Unterlagen scannen, sobald Sie Zeit dafür haben – denn das wird nie geschehen.

Reduzieren Sie die Zahl Ihrer Visitenkarten und überdenken Sie Ihre Beziehungen

Halten Sie manchmal eine Visitenkarte in der Hand und überlegen verzweifelt, von wem Sie sie bekommen haben, weil Sie nicht einmal ein Gesicht damit in Verbindung bringen können? Erstaunlicherweise ist das ein häufiger Nebeneffekt des Aufräumens. Ich sporne meine Klienten immer an, die Chance zu ergreifen und ihre Visitenkarten aufzuräumen, aber viele Menschen werden von Schuldgefühlen geplagt, wenn es darum geht, Visitenkarten zu entsorgen. In Japan zögern einige meiner Klienten auch deshalb damit, weil sie glauben, dass die Karten einen Teil der Seele der entsprechenden Person enthalten. Aber wenn sie so kostbar sind, wäre es doch sinnvoller, sie respektvoll zu behandeln, ihnen für die Dienste, die sie Ihnen geleistet haben, zu danken und sie so auszusortieren, dass die persönlichen Informationen darauf geschützt werden – statt sie irgendwo in einer Schublade zu verstauen und nie mehr zu beachten.

Wenn Sie vorhaben, Visitenkarten auszusortieren, dann sammeln Sie alle zusammen und gehen Sie sie einzeln durch. Ein Geschäftsinhaber, den ich beriet, besaß sage und schreibe 4000 Visitenkarten. Schon bald nach Beginn unserer Zusammenarbeit erkannte er, dass er auf fast alle Visitenkarten verzichten konnte, da er mit so gut wie allen Kontakten über die sozialen Medien in Verbindung stand. Außerdem besaß er die E-Mail-Adressen sämtlicher Geschäftspartner, mit denen er per Mail kommuniziert hatte. Also entsorgte er die meisten Visitenkarten und scannte nur einige wenige, die er aufbewahren musste. Übrig blieben zehn Karten, die ihm am Herzen lagen, weil er sie von Menschen erhalten hatte, die er bewunderte.

Auch Sie können die Visitenkarten von Personen entsorgen, mit denen Sie bereits per Mail oder über soziale Medien in Verbindung stehen. Wenn Sie keine Zeit haben, die Infos sofort Ihren Kontakten hinzuzufügen, speichern Sie sie auf dem Computer oder dem Handy, indem Sie die Visitenkarten scannen oder fotografieren. Es lohnt sich, dafür Apps zu nutzen, die Ihre Handykamera als Scanner verwenden, um die Daten der Visitenkarten in Ihrer Kontaktliste zu speichern.

Als ich vor kurzem meine Visitenkarten sichtete, behielt ich letztlich nur eine – die meines Vaters. Ich hing an ihr, weil er über 30 Jahre lang in derselben Firma wie ich gearbeitet hatte. Jedes Mal, wenn ich einen Blick darauf werfe, werde ich lebhaft daran erinnert, wie er all die Jahre dank seiner Arbeit für unsere Familie gesorgt hat. Ich konnte mich nicht davon trennen und hebe sie deshalb in meiner Schreibtischschublade auf.

Wenn Sie Karten besitzen, die Sie inspirieren und die Ihnen Energie verleihen, behalten Sie sie aus voller Überzeugung.

Teilen Sie *komono* (Kleinkram) in Unterkategorien auf

«Es ist kein Ende in Sicht, am liebsten würde ich aufgeben.»

«Ich bin so durcheinander.»

«Ich werde noch verrückt!»

Wenn die Klienten anfangen, mir derartig verzweifelte Mails zu schicken, sind sie fast immer dabei, *komono* aufzuräumen. Kein Wunder, schließlich ist dies die Kategorie mit der größten Anzahl von Unterkategorien. Schreibwaren, Hobby-*komono*, Haushaltsutensilien, Küchen-*komono*, Lebensmittel, Badezimmerzubehör ... Allein das Auflisten all dieser Dinge macht schwindelig. Aber keine Bange! Im Büro gibt es viel weniger *komono*-Unterkategorien als im privaten Bereich. Und wenn Sie es geschafft haben, Ihre Dokumente und Unterlagen zu ordnen, werden Sie auch *komono* bewältigen.

Wenn Sie *komono* in aller Ruhe und in Ihrem eigenen Tempo angehen, überblicken Sie schnell, welche Art von Unterkategorien Sie haben. Die üblichen Unterkategorien in einem typischen Arbeitsbereich beinhalten Folgendes:

- Büroartikel (Stifte, Schere, Heftklammern, Klebeband etc.)
- Elektrozubehör (digitale Geräte, Zubehörteile, Kabel etc.)
- Jobspezifische *komono* (Produktproben, Künstlerbedarf, Zubehör etc.)
- Persönlicher Bedarf (Kosmetika, Medikamente, Nahrungsergänzungsmittel etc.)
- Lebensmittel (Tee, Snacks etc.)

Beginnen Sie damit, alle Artikel derselben Unterkategorie an einer Stelle zu sammeln und einzeln einer Prüfung zu unterziehen. Wenn Ihre Schubladen so vollgestopft sind, dass Sie nur raten können, was sie alles enthalten, leeren Sie sie und breiten Sie den Inhalt auf dem Boden oder Ihrem Schreibtisch aus. Dann können Sie die Gegenstände auswählen, die Sie behalten wollen, während Sie alles in Unterkategorien aufteilen.

Büromaterial

Büromaterial kann in zwei Gruppen eingeteilt werden: Schreibwaren und Verbrauchsmaterial. Wenn Sie diese Unterkategorie aufräumen, dann schaffen Sie in jeder der beiden Gruppen getrennt Ordnung.

1. Schreibwaren: Sie umfassen Dinge wie Scheren und Tacker, von denen Sie jeweils nur ein Exemplar benötigen. Personen, die nicht wissen, was oder wie viel sie besitzen, haben gewöhnlich mehr, als sie brauchen. Einer meiner Klienten hatte z. B. drei Bleistiftspitzer, vier völlig identische Radiergummis, acht Tacker und zwölf Scheren. Als ich ihn fragte, warum er von so vielen Gegenständen mehrere Exemplare besitze, erwiderte er leichthin: Immer wenn er etwas nicht mehr gefunden habe, hätte er es einfach neu gekauft. Manchmal habe er auch nicht gewusst, dass er schon ein Exemplar hatte, oder er habe gedacht, es sei praktisch, immer eins in Griffweite zu haben. Sie benötigen aber nur ein Exemplar jeder Schreibware in Ihrem Arbeitsbereich. Also wählen Sie eins aus, und verabschieden Sie sich von den restlichen. Falls Ihre Firma über einen eigenen Platz für Büromaterial verfügt oder über einen gemeinschaftlichen Arbeitsbereich, könnten Sie alles dort ablegen.
2. Verbrauchsmaterial: Dazu gehören Dinge, die Sie ständig benötigen und griffbereit haben wollen – Klebezettel, Büroklammern, Notizbücher, Briefpapier und Visitenkarten. Wir sollten davon immer Ersatz auf Lager

haben. Doch ist es wirklich sinnvoll, einen Berg Klebezettel oder zehn Rotstifte in Ihrer Schublade aufzubewahren? Überlegen Sie, wie viele Exemplare einer Sorte Sie wirklich auf Ihrem Schreibtisch benötigen – z. B. fünf Blöcke Klebezettel oder 30 Büroklammern. Legen Sie eine sinnvolle Anzahl der Utensilien beiseite, und bringen Sie den Rest dorthin zurück, wo Ihre Firma Büromaterial lagert.

Elektrozubehör

Beim Aufräumen elektrischer *komonos* findet man gewöhnlich kaputte Geräte oder alte Zubehörteile. Ist es sinnvoll, solche Dinge im Schreibtisch aufzubewahren? Die Schubladen mancher Leute quellen über von Kopfhörern oder Ladekabeln ausrangierter Smartphones. Die wären dann sinnvoll, wenn Sie vorhätten, einen Secondhandladen für Kabel zu eröffnen, aber brauchen sie wirklich alle? Bei einigen Kabeln weiß selbst der Besitzer nicht mehr, wofür sie mal bestimmt waren.

Auch Ihr Schreibtisch bietet nur beschränkt Platz, um Dinge zu verstauen. Jetzt haben Sie die Chance, herauszufinden, wofür diese Kabel bestimmt sind, dann können Sie ihnen für geleistete Dienste danken und sie aussortieren.

Jobspezifischer *komono*

Wir alle besitzen berufsspezifische Dinge. Bei Künstlern können das Farben und Leinwände sein, bei Schmuckdesignern Perlen und Draht und bei Beauty-Journalistinnen Kosmetikproben. Je nach Beruf können sich diese Dinge ansammeln oder nur wenig inspirieren. Aber da genau diese Gegenstände unmittelbar mit unserer Arbeit zusammenhängen, haben sie auch das größte Potenzial, Freude in unser Leben zu bringen und uns bis zum Schluss zu motivieren – wenn wir damit beginnen, sie zu ordnen.

Da wäre z. B. Leanne, eine Künstlerin, die bisher Ölgemälde gemalt hatte und nun merkte, dass ihr das keine Freude mehr bereitete, obwohl es ein anerkannter Zweig ihres Handwerks ist. Also wechselte sie das Material und schuf einen neuen Stil.

Eine Illustratorin begann eine neue Karriere als Kostümdesignerin, nachdem sie ihre Liebe für Textilien entdeckt hatte. Eine Pianistin, die in einer Schaffenskrise steckte, fand ihre Leidenschaft für die Musik wieder, als sie sich von einigen alten Partituren trennte. Ich höre oft solche Geschichten. Für viele Menschen in künstlerischen Berufen scheint es inspirierend zu sein und die Kreativität zu fördern, sich auf die Dinge zu konzentrieren, die sie mit Freude erfüllen.

Aufräumen und Platzschaffen lässt auch Ihnen mehr Freiraum im Kopf, sodass die Kreativität sich entfalten kann.

Nehmen Sie jeden Gegenstand dieser Unterkategorie in die Hand, und fragen Sie sich, ob er Ihnen Freude bereitet. Wenn Sie bewusst auf Ihre Empfindungen achten, sollten Sie eine erstaunlich klare Antwort bekommen. Sie werden entweder von Glück durchflutet oder sich niedergeschlagen fühlen.

Persönlicher Bedarf

Der persönliche Bedarf schließt Folgendes mit ein: Handcreme, Augentropfen, Nahrungsergänzungsmittel und sonstige Dinge, die uns die Arbeit erleichtern. Stundenlanges Sitzen verspannt die Schultern, verursacht Rückenschmerzen und sorgt für müde Augen. Haben wir Produkte zur Hand, die derartige Beschwerden lindern, fühlen wir uns gleich besser.

Kay, eine Klientin, die bei einer Werbefirma arbeitete, griff gern zu Entspannungshilfen. Während unserer Aufräumsitzungen fanden wir jede Menge davon auf ihrem Schreibtisch und in ihren Schubladen, einschließlich Kopfmassagegeräten und Augenmasken. Als ich sie danach fragte, erklärte sie mir, sie brauche sie, um sich von ihrer stressigen Arbeit zu erholen. «Dieses Produkt ist in Japan noch nicht einmal im Handel», sagte sie stolz. «Und dieses Massagegerät fürs Gesicht wird bestimmt ein Hit werden.» Sie war wie besessen von diesen Dingen.

Fasziniert von der Menge der Produkte, fragte ich sie, wie sie alle benutze. Ihre Antwort überraschte mich. «Wenn ich den letzten Zug verpasst habe, benutze ich dieses Aromaöl, um mich zu beruhigen», erklärte sie. «Und diese Kräuter-Augenmaske lege ich auf, wenn ich zehn Stunden durchgehend vor dem Computer gesessen habe. Dieser Massageball hilft hervorragend gegen Verspannungen. Wenn ich allein bin, lege ich mich auf ihn. Das fühlt sich großartig an.»

Ihre Erklärungen waren umfassend und detailliert. Je länger ich ihr zuhörte, desto klarer wurde mir, dass ihr Job trotz all dieser Entspannungshilfen immer noch erschreckend hart war. Ich konnte mich nicht zurückhalten und fragte sie: «Aber macht Ihnen Ihre Arbeit überhaupt Spaß?»

Schließlich reduzierte Kay ihre Überstunden und nahm mehr als die Hälfte ihrer Entspannungshilfen mit nach Hause. Nun benutzt sie sie, um nach der Arbeit abzuschalten. «Als ich über mein ideales Arbeitsleben nachdachte, wurde mir klar, dass ich zufriedener wäre, sie zur Entspannung zu Hause zu benutzen statt im Büro.» Als sie mir das erzählte, waren ihre Wangen vor Begeisterung gerötet, und sie sah viel entspannter aus.

So wunderbar die Pflegeprodukte auch sein mögen, die Sie am Arbeitsplatz aufbewahren – wenn Ihr Job selbst keine Quelle der Freude ist, zäumen Sie das Pferd von hinten auf. Stellen Sie sich Ihr ideales Arbeitsleben vor, und entscheiden Sie dann, welche Entspannungsmittel Ihnen dabei helfen werden, dieses Ideal zu erreichen – und welche nicht.

Snacks und ernährungsbezogene Dinge

Eine Klientin, die für ein Medienunternehmen arbeitete, hatte einen so riesigen Vorrat an Ketchup, Salztütchen, Servietten und Plastikgabeln von Take-away-Food, dass eine halbe Schublade damit gefüllt war. Bevor sie mit dem Aufräumen anfing, war ihr gar nicht bewusst gewesen, wie viel sie davon besaß. Es herauszufinden war ein kleiner Schock.

Lassen Sie es zu, dass sich Dinge wie Snacks, Süßigkeiten und Kaugummi auf Ihrem Schreibtisch anhäufen? Wenn ja, überprüfen Sie die Ablaufdaten, und begrenzen Sie die Zahl der Dinge, die Sie künftig zur Verfügung haben wollen. Dies ist Ihre Chance, Ballast auszusortieren und Ihren Schreibtisch in Ordnung zu bringen.

Als ich in amerikanischen Firmen Aufräumcoachings gab, entdeckte ich zufällig etwas in dieser Kategorie, das in einem japanischen Büro undenkbar wäre. Haben Sie eine Idee, worum es sich handelte? Alkohol. Das gilt vermutlich nicht für alle Firmen, aber bei denen, die ich aufsuchte, bewahrten relativ viele Angestellte Alkohol in ihren Schreibtischschubladen auf. Japanische Angestellte würden niemals im Büro Alkohol trinken, insofern war das ein echtes Aha-Erlebnis für mich. Das Aufräumen in anderen Ländern ist auch deshalb so faszinierend, weil man dadurch verschiedene kulturelle Besonderheiten kennenlernt.

Emotional aufgeladene Gegenstände

Diese letzte Kategorie ist die schwierigste, da sie aus Dingen besteht, die emotionalen Wert besitzen, wie z. B. Fotos und Briefe. Deshalb wird sie bis zum Schluss aufgespart. Während Sie Ordnung in allen anderen Kategorien schaffen, erkennen Sie, was Sie wirklich schätzen, und verbessern Ihre Fähigkeit, auszuwählen, was Ihnen Freude bereitet.

Beginnen Sie wie bei den anderen Kategorien damit, alle Gegenstände an einer Stelle zusammenzutragen. Nehmen Sie dann jeden einzelnen in die Hand und fragen Sie sich: *Würde er mir Freude machen, wenn er auf meinem Schreibtisch bliebe*? Lautet Ihre Antwort, dass er einst für Ihre Arbeit hilfreich war, Sie ihn jetzt aber nicht mehr benötigen, dann danken Sie ihm für seine guten Dienste und sortieren Sie ihn voller Dankbarkeit aus. Nutzen Sie die Gelegenheit, sich bewusst zu machen, wie effektiv jeder dieser Gegenstände Sie bei Ihrer Arbeit unterstützt hat. Das verleiht dem Aufräumen noch mehr Sinn.

Sollten Sie zu viele Dinge besitzen, die Ihnen Freude bereiten, dann nehmen Sie einige davon mit nach Hause. Sie können den Vorgang beschleunigen, wenn Sie die für zu Hause bestimmten Gegenstände während des Aufräumens in eine Tüte packen. Vergessen Sie aber nicht, die Tüte mitzunehmen, wenn Sie fertig sind!

Wenn es Ihnen schwerfällt, Gegenstände von emotionalem Wert auszusortieren, sollten Sie vorher ein Foto von ihnen machen. Als Scott sein Büro in Ordnung brachte, konnte er sich nur schwer von den Briefen und Fotos seiner Tochter trennen.[1] Sie zu fotografieren half ihm, sie loszulassen. Er reserviert jetzt den Platz, an dem er sie aufbewahrt hat, für die neuesten Geschenke seiner Tochter und erfüllt ihn so mit noch mehr Freude.

Erst fotografieren, dann aussortieren!

Untersuchungen haben ergeben, dass das Fotografieren emotional aufgeladener Gegenstände dabei helfen kann, sich von ihnen zu trennen. Im Rahmen einer Studie kündigten Wissenschaftler eine Spendenaktion an und hängten in verschiedenen Studierendenwohnheimen zwei unterschiedliche Plakate auf. Auf dem einen wurden die Studierenden lediglich gebeten, für sie emotional bedeutsame Dinge zu spenden, auf dem ande-

ren wurden sie aufgefordert, sie zu fotografieren und dann zu spenden. Die Studierenden der Wohnheime, die vorher Fotos machen sollten, spendeten 15 Prozent mehr.
S. S.

Der Schreibtisch als Ablagefläche

Nachdem Sie nun die Dinge ausgewählt haben, die Ihnen Freude bereiten, müssen diese aufbewahrt werden. Für die Aufbewahrung gibt es drei Grundregeln.

Regel 1: Bestimmen Sie für jeden Gegenstand derselben Kategorie denselben festen Platz
Manche Menschen fallen nach dem Aufräumen deshalb wieder in alte Verhaltensmuster zurück, weil sie nicht entscheiden, wo sie was aufbewahren wollen. Da sie nicht festgelegt haben, wo sie die Dinge nach dem Benutzen verstauen werden, sammeln sie sich schnell wieder an. Deswegen sollten Sie entscheiden, wo jeder Gegenstand aufbewahrt werden soll. Es ist so viel einfacher, Ordnung zu halten, wenn Sie sich angewöhnen, alles sofort wieder an den dafür vorgesehenen Platz zurückzulegen.

Bewahren Sie also Dinge derselben Kategorie nicht an verschiedenen Orten auf. Wenn Sie alles in derselben Kategorie an derselben Stelle aufbewahren, erkennen Sie auf einen Blick, wie viel Sie besitzen. Das hat auch den Vorteil, dass Sie nicht länger Dinge anhäufen oder Unnötiges kaufen.

In Büros ist es üblich, Visitenkarten und Schreibwaren in der obersten Schublade aufzubewahren, Elektrozubehör, persönlichen Bedarf und Snacks in der zweiten und Dokumente und Unterlagen in der dritten. Diese typische Einteilung kann natürlich variieren, je nachdem, welchen Schreibtisch Sie haben oder was zu Ihren Aufgaben gehört. Passen Sie sie also entsprechend an, und schaffen Sie so eine Atmosphäre, in der Sie gerne arbeiten.

Regel 2: Verwenden Sie Kästen und lagern Sie Dinge hochkant

Der Stauraum eines Schreibtischs ist beschränkt, sodass Sie ihn möglichst effektiv nutzen sollten. Kästen eignen sich dafür hervorragend. Sie können sie in verschiedenen Größen als Schubladen-Teiler verwenden. Wählen Sie Form und Größe passend zu den Gegenständen der jeweiligen Kategorie aus: einen kleinen für USB-Sticks und einen mittelgroßen für Dinge des persönlichen Bedarfs, wie z. B. Nahrungsergänzungsmittel. Insbesondere kleine Gegenstände lassen sich besser aufbewahren, wenn sie in einem Kästchen verstaut werden statt direkt in einer Schublade. Kästen bewahren Sie vor einem unüberschaubaren Chaos. Mit ihrer Hilfe können Sie, wenn Sie die Schublade öffnen, auf einen Blick erkennen, wo sich die Dinge befinden.

Im Prinzip ist jede Art von Kästchen geeignet, Hauptsache, sie passt in die Schublade. Sie können sie eigens für diesen Zweck kaufen oder leere, die Sie noch zu Hause haben, benutzen. Ich verwende z. B. häufig alte Visitenkarten- und Smartphone-Schachteln. Sie passen perfekt in jede Schreibtischschublade und sind dadurch unglaublich praktisch. Der Trick besteht darin, so viel wie möglich hochkant aufzubewahren. Das sieht nicht nur hübscher aus, sondern nutzt auch den vorhandenen Platz optimal. Alle Gegenstände, die sich von der Größe her eignen, sollten hochkant aufbewahrt werden. Ich lege sogar Radiergummi und Klebezettelpackungen hochkant ab.

Regel 3: Legen Sie nichts auf Ihrem Schreibtisch ab

Ihr Schreibtisch ist eine Arbeitsfläche und kein Vorratsschrank. Dementsprechend lautet die Faustregel, nichts darauf abzulegen. Bestimmen Sie für jeden Gegenstand oder jede Kategorie in Ihren Schubladen oder Regalen einen Ort, an dem sie aufbewahrt werden sollen. Es sollte wenn möglich nur das auf Ihrem Schreibtisch liegen, was Sie für das aktuelle Projekt benötigen, an dem Sie gerade arbeiten.

Bevor Sie mit dem Aufräumen beginnen, sollten Sie sich das Bild Ihres aufgeräumten Schreibtischs klar vor Augen führen. Diejenigen meiner Klienten, die das tun, haben am Ende meist nur noch den Laptop, einen Dekoartikel oder eine Topfpflanze auf ihrem Schreibtisch stehen.

Bestimmen Sie auch für diejenigen Dinge einen festen Aufbewahrungsort, die Sie täglich benutzen, wie z. B. Stifte oder Notizblöcke. Meine Klienten sind oft überrascht, dass es überhaupt nicht umständlich ist, diese Dinge nach Gebrauch gleich wieder außer Sichtweite zu verstauen. Wenn sie erst einmal erlebt haben, wie sehr ein aufgeräumter Schreibtisch zur Konzentration beiträgt, wollen sie diesen Zustand nicht mehr missen.

Natürlich soll das nicht heißen, dass Ihr Schreibtisch völlig leer sein muss. Wenn es für Sie bequemer ist, Ihre Stifte in einem Stiftehalter auf dem Schreibtisch aufzubewahren statt aufgereiht in einer Schublade, dann sollten Sie es so belassen. Wichtig ist die Vorgehensweise: Wir sollten uns vornehmen, gar nichts mehr auf dem Schreibtisch abzulegen, und dann sehr überlegt die Dinge auswählen, die uns Freude bereiten oder uns die Arbeit erleichtern, wenn sie direkt vor uns auf dem Tisch liegen.

Fazit: Bewahren Sie Gegenstände nach Kategorien sortiert auf, verwenden Sie kleine Kästen und legen Sie nichts auf Ihrem Schreibtisch ab. Behalten Sie diese drei Regeln im Hinterkopf. Entscheiden Sie, an welchen Platz die jeweiligen Dinge gehören, und verschaffen Sie sich einen genauen Überblick darüber, was Sie besitzen, bis hin zu den kleinsten Gegenständen.

Wie Aufräumen Ihr Leben verändern kann

Oben habe ich erläutert, wie Sie Ihren Arbeitsplatz schrittweise aufräumen. Ich hoffe, Sie finden diese Tipps nützlich. Wenn Ihnen immer noch bange ist, weil es so viele Schritte zu sein scheinen oder Sie es trotz vieler Versuche nicht geschafft haben, Ordnung zu halten, keine Sorge!

Ich habe vielen Menschen geholfen, ihren Arbeitsbereich aufzuräumen. Selbst diejenigen, die betonen, dass sie wirklich nichts wegwerfen können, reduzieren allein dadurch zwei Drittel ihrer Sachen, dass sie alle Gegenstände derselben Kategorie aus den Schubladen holen, sie in die Hand nehmen und sich überlegen, ob es sich wirklich lohnt, sie zu behalten. Die Diskrepanz zwischen dem, was wir dann als notwendig erachten, und dem, was sich tatsächlich zu behalten lohnt, ist riesig.

Obwohl viele Menschen davon überzeugt sind, dass sie mindestens ein halbes Jahr brauchen werden, um ihren Schreibtisch aufzuräumen, dauert es dann letztlich meist doch nur eine knappe Woche. Es besteht eben ein großer Unterschied zwischen der Vorstellung, wie das Aufräumen vonstattengehen wird, und dem tatsächlichen Aufräumprozess. Deshalb wäre es auch reine Zeitverschwendung, dieses Buch zu lesen und dann nicht aufzuräumen – insbesondere wenn Sie das Gefühl haben, dass es «Klick» gemacht hat. Sie können den wahren Wert des Aufräumens erst erkennen, wenn Sie es versuchen.

Aber worin besteht dieser Wert? Ich glaube, es ist weit mehr als das Hochgefühl über einen ordentlichen Schreibtisch oder eine gesteigerte Arbeitseffizienz. Ordnung zu schaffen ermöglicht es Ihnen vielmehr, Ihr eigenes Selbst wiederzuentdecken. Wenn Sie jeden Gegenstand, den Sie besitzen, nacheinander in die Hand nehmen und sich überlegen, ob er Ihnen jetzt oder künftig Freude bereitet, wird Ihnen klarer, was Sie wirklich wollen und was Sie glücklich macht. Nach dem Aufräumen werden sich Ihre Einstellungen, Ihr Verhalten und die Entscheidungen, die Sie treffen, verändert haben – und mit ihnen Ihr gesamtes Leben. Ich habe einen solchen Wandel bei zahlreichen Klienten erlebt, möchte jedoch im Folgenden die Geschichte von Mifuyu herausgreifen und erzählen, wie sie durch das Aufräumen etwas Wichtiges über sich selbst herausfand, das ihr Leben völlig umkrempelte.

Mifuyus Aha-Erlebnis

Mifuyu arbeitete erfolgreich im Marketing eines Luxusmode-Magazins, das von einem großen japanischen Verlag herausgegeben wird. Wie in dieser Branche üblich, bezog sie ein fürstliches Gehalt und trug immer die neueste Mode. Viele ihrer Altersgenossinnen waren neidisch auf ihre Karriere. Mifuyu selbst hatte allerdings das quälende Gefühl, dass etwas mit ihrem Leben nicht stimmte, dass sie versuchte, jemand zu sein, der sie nicht war. Sie beschloss, ein Aufräumcoaching zu machen, weil sie ihr wahres Selbst finden wollte.

Mifuyu begann zu Hause mit dem Aufräumen und beschloss, nur das zu behalten, was ihr Freude bereitete. Zu ihrer Überraschung stellte sie fest, dass die 2000-Dollar-Jacke oder die Designerkleider in ihrem Schrank nicht dazugehörten. Auch die Highheels, die sie sowieso kaum getragen hatte, lösten keine Begeisterung in ihr aus. Am Ende behielt sie nur die Kleidungsstücke, in denen sie sich völlig wohl fühlte, darunter ein schlichtes weißes T-Shirt, Jeans und ein marineblaues Halstuch, dessen Stoff sie besonders mochte. Letztlich blieb nur ein Viertel ihrer Kleidungsstücke übrig.

Beeindruckt davon, welche Wirkung das Aufräumen auf ihr Privatleben hatte, beschloss Mifuyu, auch ihren Arbeitsbereich in Ordnung zu bringen.

Am Wochenende, wenn niemand anders da sein würde, ging sie ins Büro. So wie bei vielen Verlagsmitarbeitern lagen auch bei Mifuyu Magazine und

Manuskripte über den gesamten Schreibtisch verstreut, und ihre Schubladen waren vollgestopft mit Unterlagen. Aber nach vier Stunden intensiven Aufräumens sah ihr Arbeitsplatz aus, als habe sie gerade erst angefangen, dort zu arbeiten. Mifuyu behielt nur zwei Mappen mit unerledigten Unterlagen, Schreibmaterial und drei Bücher.

Am Montag starrten die Kollegen verblüfft auf ihren Schreibtisch und staunten über die Veränderung: «Willst du kündigen?», fragten sie. Am meisten überrascht war jedoch Mifuyu selbst, wobei sie besonders über den Einfluss staunte, den das Aufräumen auf ihr Leben insgesamt hatte. Sie war jetzt emotional viel stabiler. Noch vor kurzem war bei ihr ein Burnout diagnostiziert worden, und sie hatte sich krankmelden müssen. Doch das Aufräumen schien ihr emotionales Gleichgewicht wiederhergestellt zu haben, und sie konnte wieder zielgerichtet und mit größerer Gelassenheit arbeiten.

War früher etwas bei der Arbeit schiefgelaufen, durchlebte Miyufu eine emotionale Achterbahnfahrt und machte dafür entweder die Umstände oder andere Menschen verantwortlich: «Es war einfach schlechtes Timing», «Es liegt daran, dass er das gesagt hat». Sie machte sich selber runter, ärgerte sich über ihre Fehler und hatte deswegen Schuldgefühle. Doch nach dem Aufräumen konnte sie konstruktiver mit ihnen umgehen, sagte sich, dass sie es nächstes Mal anders machen würde, und, ja, empfand sogar Dankbarkeit dafür, dass sie durch die Fehler die Chance gehabt hatte zu lernen.

Vielleicht fragen Sie sich, was das mit Aufräumen zu tun hat, aber viele Menschen, die echte Ordnung geschafft haben, erleben solche Veränderungen. Wenn wir uns durch das Aufräumen mit den Dingen befassen, die wir besitzen, konfrontieren wir uns mit unserer Vergangenheit. Es gibt Zeiten, in denen wir unsere Anschaffungen bedauern oder uns für unsere Entscheidungen schämen. Doch indem wir uns ehrlich mit diesen Gefühlen auseinandersetzen und uns dankbar von Dingen trennen, weil sie uns gelehrt haben, was wir wirklich brauchen, schließen wir unseren Frieden mit vergangenen Entscheidungen. Indem wir uns immer wieder hinterfragen, was wir wirklich wollen, und auf der Grundlage dessen entscheiden, was uns Freude bereitet, gewinnen wir eine positive Sicht auf unser Leben. Jede Wahl, die wir treffen, wird so noch einmal bestätigt.

«Ich wusste, dass ich allein für mein Handeln verantwortlich war», erklärte mir Mifuyu. «Aber vor dem Aufräumen fiel es mir schwer zu akzeptieren, dass meine Situation das Ergebnis meiner eigenen Entscheidungen war. Ich war davon überzeugt, dass ich unfähig war, mich richtig zu entscheiden, wenn es wirklich drauf ankam. Doch als ich mich nach und nach mit all meinem Besitz auseinandersetzte, habe ich angefangen, die Dinge anders zu sehen. Ich beschloss, nicht so viel zu grübeln, einfacher zu leben und mich bei meinen Entscheidungen immer daran zu orientieren, was mir Freude bereitet. Ich erkannte: Wenn ich die Verantwortung für mein Handeln übernehme, bleibe ich mir selbst treu. Ich glaube, das half mir, mich zu entspannen und flexibler zu sein.»

Auch Mifuyus Arbeitstempo nahm drastisch zu. Vor der Aufräumaktion betrachtete sie Deadlines eher als groben Anhaltspunkt und erledigte immer alles erst in letzter Minute – nach dem Aufräumen konnte sie ihre Aufgaben häufig lange vor der Deadline abschließen. «Ich vergeude jetzt fast keine Zeit mehr mit Suchen. Selbst wenn ich ein Dokument nicht gleich zur Hand habe, kann ich es entweder bei einem Kollegen ausleihen oder downloaden. Es ist viel schneller und effizienter, auf einen Blick zu erkennen, dass einem etwas Bestimmtes fehlt, und entsprechend handeln zu können, als seinen Schreibtisch akribisch durchsuchen zu müssen, ohne überhaupt zu wissen, ob das, was man sucht, auch wirklich dort ist.» Ihr Leben, so Mifuyu, sei jetzt viel weniger stressig, da sie keine mehr Zeit mit derartigen Dingen verplempere.

Es gibt noch einen weiteren Grund, dass sie schneller arbeitete: Sie benutzte die KonMari-Methode nicht nur, um ihr Zuhause und ihr Büro aufzuräumen, sondern wandte sie auch auf ihre Handykontakte, ihre digitalen Daten, ihre Beziehungen, ihre Arbeitsinhalte und ihr Zeitmanagement an. Je nachdem, ob sie ihr Freude bereiteten oder zu dem von ihr angestrebten idealen Lebensstil beitrugen, entschied sie, ob sie sie behalten wollte oder nicht. Dadurch konzentrierte sie sich auf die Tätigkeiten, die wirklich wichtig waren, und ließ die anderen beiseite.

Drei Jahre später arbeitete Mifuyu als Fernsehkommentatorin bei den Lokalnachrichten und schrieb mehrere Bücher. Schließlich kündigte sie ihren Angestelltenjob, um freiberuflich zu arbeiten, und verwirklichte so ihren langgehegten Traum, selbständig zu werden. In Japan gilt sie als leuchtendes Beispiel für eine Frau, die ihren eigenen, unverwechselbaren Arbeitsstil entwickelt hat. Sie reist lediglich mit einem Smartphone und einem Computer durch die Welt, nimmt nur Jobs an, die sie wirklich mag, und verkehrt ausschließlich mit Leuten, die ihr sympathisch sind – und sammelt so gleichzeitig Stoff für ihre Bücher. Indem sie sowohl ihren physischen als auch ihren immateriellen Arbeitsplatz aufgeräumt hat und sich nur für das entscheidet, was ihr Spaß macht, verbreitet sie selbst Freude – im wahrsten Sinne des Wortes.

So ordnen Sie die immateriellen Dinge am Arbeitsplatz

Genau wie Mifuyu wollen viele Menschen, die ihren Arbeitsplatz aufgeräumt haben, auch die immateriellen Facetten ihrer Arbeit neu überprüfen. Dazu zählen digitale Daten, die Mails im Posteingang, berufliche Netzwerke und das Zeitmanagement. Wer sein physisches Umfeld aufgeräumt hat, indem er sich für die freudespendenden Dinge entschieden hatte, und erleben konnte, wie befreiend es ist, in einem hübschen, ordentlichen Ambiente zu arbeiten, für den ist es wohl ein natürlicher Impuls, auch alles Übrige in Ordnung bringen zu wollen.

Aber wie können wir das bewerkstelligen? Indem wir die Prinzipien der KonMari-Methode anwenden, die in Kapitel 2 vorgestellt worden sind: Visualisieren Sie Ihren idealen Arbeitsstil, ordnen Sie nach Kategorien, setzen Sie eine klare Deadline, und räumen Sie schnell, vollständig und in einem Schwung auf. Wenn Sie entscheiden, was Sie behalten, denken Sie an die Kriterien, die auf den Seiten 40 f. erläutert wurden: Bewahren Sie die Dinge auf, die sofort Freude wecken, solche, die funktionale Freude bereiten, und jene, die künftig Freude hervorrufen werden.

Dennoch besitzt jede der immateriellen Kategorien bestimmte einzigartige Merkmale, wenn es ums Aufräumen geht. Scott wird sie in den nun folgenden sechs Kapiteln ausführlich darlegen, und ich trage ein paar eigene Gedanken zum Bereinigen digitaler Daten, zum Zeitmanagement, zum Entrümpeln von Netzwerken, zur Entscheidungsfindung sowie zu Meetings, Teams und Unternehmenskultur bei. Diese Themen können wir nicht übergehen, wenn wir im Job und bei der Zusammenarbeit mit den Kollegen Freude haben wollen.

Lassen Sie sich nicht von der erdrückend lang erscheinenden Liste der immateriellen Kategorien abschrecken. Im Gegenteil, wenn Sie erst einmal mit dem Aufräumen angefangen haben, werden Sie erstaunt feststellen, wie gerne Sie Ihre Aufräumfertigkeiten auch in anderen Lebensbereichen anwenden wollen. Das zeigt, welche große Auswirkungen das Aufräumen haben kann. Halten Sie also an Ihrer Vorstellung von einem freudigen Arbeitsleben fest, und gehen Sie unbeirrt Ihren Weg.

KAPITEL 4 Digitale Daten aufräumen

Tony, ein Marketingexperte, der im britischen Hauptsitz eines Energiekonzerns arbeitete, verschwendete viel Zeit damit, seine digitalen Dokumente zu sichern und wiederzufinden. Im Firmennetzwerk, in den Microsoft-Apps, auf seiner Festplatte und in seinen Netzwerken für die Unternehmenskommunikation (wie z. B. Yammer) herrschte ein einziges Chaos. Noch unerträglicher wurde das Ganze durch die unendliche Flut an E-Mails, Textnachrichten und Voicemails.

Die moderne Technik beherrschte inzwischen Tonys Arbeitstage (und Feierabende samt Wochenenden!). Er musste dringend etwas unternehmen. Zunächst war er so mutig, die Ansage seines Anrufbeantworters zu ändern:

Ihre Nachricht wird nicht abgehört. Bitte senden Sie eine E-Mail, und Ihr Anliegen wird schnellstmöglich bearbeitet und beantwortet.

Auch wenn man ihn natürlich noch auf anderen Wegen erreichen konnte, hatte er endlich das Gefühl, wieder Herr der Lage zu sein. Diese positive Veränderung ermutigte ihn, sich als Nächstes seinen Mail-Eingang vorzunehmen. Seinen E-Mail-Account konnte er nicht einfach so abschalten, ohne gefeuert zu werden – wer könnte das schon? Aber Tony tat, was er tun konnte, und bearbeitete nun täglich sämtliche E-Mails in seinem Posteingang, um zu verhindern, dass sie sich ansammelten. Einfache Anfragen beantwortete er noch am selben Tag, und um den Rest kümmerte er sich innerhalb einer Woche. Inzwischen ist er um einiges glücklicher bei der Arbeit – und das fiel auch seinen Kollegen auf. Was zunächst radikal erschien, wurde schon bald von vielen übernommen.

Es gibt zahlreiche Ratgeber, wie Sie Ihre E-Mails verwalten und digitale Dateien und Ihr Smartphone aufräumen können. Gleichzeitig gibt es sehr unterschiedliche Ansichten darüber, wie man am besten Ordnung in sein digitales Leben bringt. Jeder Job erfordert andere Software und Programme. In einigen Firmen ist die Verwendung bestimmter Nachrichtendienste ein Muss, und es gibt Berufe wie z. B. Ärztin oder Polizist, bei denen es ein Muss ist, ständig erreichbar zu sein. Finden Sie heraus, was für Sie funktioniert, und bleiben Sie dabei. Wenn Sie Ihr digitales Leben aufräumen, geht es vor allem darum, mehr Kontrolle über die Technik zu erlangen.

Bei den meisten Menschen besteht das digitale Leben aus drei übergeordneten Bereichen: digitale Dokumente wie Berichte, Präsentationen und Tabellen, E-Mails sowie Smartphone-Apps. Alle drei haben ein und dasselbe Problem: Man kann mit Leichtigkeit alles speichern, und genau das tun wir auch – und zwar in einem solchen Ausmaß, dass wir die Kontrolle über eine Technik verlieren, die eigentlich entwickelt worden ist, um uns die Arbeit zu erleichtern.

Anders als bei physischen Gegenständen bemerken wir die Menge digitaler Daten erst, wenn es schon zu spät ist – wenn wir keinen Speicherplatz mehr haben, nichts mehr wiederfinden können, unsere Geräte plötzlich quälend langsam arbeiten oder wir unaufhörlich mit Push-Nachrichten bombardiert werden. Doch so muss es nicht sein.

Um Ihr digitales Leben zu ordnen, gehen Sie Kategorie für Kategorie vor, angefangen bei den Dokumenten, gefolgt von E-Mails und schließlich den Smartphone-Apps.

Sie brauchen nur wenige Ordner für Ihre Dateien

Beginnen Sie auf Ihrer Festplatte oder Ihrem Netzlaufwerk mit dem Bereich «Dokumente» und allen darin enthaltenen Ordnern. Wahrscheinlich ist hier der Hauptteil Ihrer digitalen Dateien abgelegt. Nehmen Sie danach Ihren Desktop in Angriff. Bei anderen Ordnern, z.B. für Fotos oder Videos, können Sie dieselbe Vorgehensweise anwenden. Sehen Sie sich nun in den «Dokumenten» samt Unterordnern jede Datei an und stellen Sie sich folgende Fragen:

Benötige ich diese Datei für meine Arbeit?

Liefert sie mir eine Anleitung oder Inspirationen für zukünftige Arbeitsprozesse?

Löst diese Datei Freude in mir aus?

Wenn die Antwort auf alle drei Fragen Nein lautet, löschen Sie die Datei.

Vielleicht erinnern Sie sich schon anhand des Dateinamens an den Inhalt, vielleicht müssen Sie das Dokument aber auch erst öffnen. Wenn ein Unterordner Dateien zu einem Thema enthält, das Sie nicht aufbewahren wollen, löschen Sie einfach den gesamten Unterordner.

Ich möchte nicht, dass Sie Schwierigkeiten bekommen, stellen Sie also unbedingt sicher, dass Sie beim Löschen gemäß Ihren Unternehmensrichtlinien oder Branchenstandards vorgehen. Wenn bestimmte Dateien nicht endgültig gelöscht werden dürfen, verschieben Sie sie in einen eigenen Archivordner, getrennt von Ihren Hauptdokumenten. Auf diese Weise beanspruchen sie zwar weiterhin Speicherplatz, werden jedoch unabhängig von den Dateien abgelegt, die Sie tatsächlich behalten möchten. So finden Sie leichter, was Sie brauchen.

Ungeachtet der Branche oder des jeweiligen Unternehmens können die meisten Menschen getrost alte Entwürfe oder erledigte To-do-Listen löschen sowie den Papierkorb auf dem Desktop leeren. Ich leere meinen immer am Ende des Monats.

Zeigen Sie Dankbarkeit gegenüber den gelöschten Dingen

Löschen Sie Ihre digitalen Dateien mit der gleichen Dankbarkeit, die Sie für materielle Dinge aufbringen. Sie müssen nicht jeder einzelnen Datei danken, schalten Sie vielmehr in einen generellen «Dankbarkeitsmodus» und bewahren Sie sich dieses Gefühl, während Sie Schritt für Schritt Ihr digitales Chaos beseitigen. Es geht darum, jeder einzelnen Datei, und sei sie noch so unbedeutend, Dankbarkeit für die Rolle entgegenzubringen, die sie in Ihrem Leben gespielt hat. Wenn Sie das beachten, müssen Sie sich keine weiteren Gedanken machen.
M. K.

Durch die deutlich verbesserte Suchtechnologie ist es inzwischen viel leichter, sich in der Masse seiner Dokumente zurechtzufinden. Nichtsdestotrotz haben Studien ergeben, dass die meisten Menschen ihre Dateien lieber anhand der Ordnernavigation suchen als mit Hilfe der Suchfunktion.[1] Genau zu wissen, wo jede Datei liegt, hat etwas Beruhigendes. Doch selbst wenn Sie vorwiegend die Suchfunktion verwenden, ist es wichtig, Ihre digitalen Unterlagen zu sortieren. Wenn Sie zu viele Dateien an zu vielen Orten verstreut gespeichert haben, kann das bei der Suche zu falschen Treffern führen. Schließlich wollen Sie bei Ihrer Suche nach den «Folien», die Sie vor kurzem einem Klienten präsentiert haben, nicht das Infoblatt zu Beetfolien Ihres jüngsten Gartenprojekts als Treffer angezeigt bekommen! Wenn Sie außerdem viele ähnliche Versionen eines Dokuments haben, kann es ziemlich mühselig werden, die aktuellste auszumachen.

Richten Sie eine Handvoll Hauptordner ein, um den gedanklichen Aufwand, was Sie wo ablegen bzw. finden, auf ein Minimum zu reduzieren. So können Sie die benötigte Datei schnell finden, indem Sie die Suchfunktion innerhalb des entsprechenden Ordners durchführen. Jeder Job stellt seine eigenen Anforderungen, doch die drei Hauptordner, mit denen ich arbeite, sollten für viele Berufe anwendbar sein.

Laufende Projekte mit jeweils einem Unterordner für die einzelnen Projekte. (Sie sollten versuchen, diese auf eine Anzahl von maximal zehn zu begrenzen. Wer arbeitet schon an mehr als zehn Projekten gleichzeitig? Sollte das bei Ihnen der Fall sein, dann werden Sie im nächsten Kapitel lernen, Ihr Zeitmanagement zu optimieren.)

Der Ordner **Unterlagen** enthält Dokumente, auf die Sie regelmäßig zugreifen müssen, etwa Unternehmensrichtlinien und Informationen zu bestimmten Verfahrensweisen. Meist werden Ihnen diese Dateien von anderen zur Verfügung gestellt und von Ihnen nicht geändert. Ausnahmen sind z. B. Verträge und Mitarbeiterakten.

Im Ordner **Gespeicherte Arbeit** werden Dokumente zu vergangenen Projekten abgelegt, die Sie in Zukunft wiederverwenden werden. Dazu zählen u. a. Dateien, die Ihnen bei neuen Projekten behilflich sind, beispielsweise eine Präsentation für einen früheren Klienten, die Ihnen als Vorlage für eine zukünftige dienen kann. In diesen Ordner gehören auch Recherchen, die Sie angestellt haben und die Ihnen später nützlich sein können, z. B. Informationen über erfolgreiche Konkurrenten oder generelle Marktforschung. Vielleicht möchten Sie auch bestimmte Projekte für Ihr Portfolio speichern, um sie potenziellen Kunden zeigen zu können, oder Sie wollen sie zu Schulungszwecken für neue Kollegen aufbewahren.

Wenn Sie in diesem Bereich auch private Dateien speichern, dann richten Sie sich den Ordner «Privat» ein, um sie nicht mit den Arbeitsdateien zu vermischen.

Halten Sie Ordnung in Ihren digitalen Dateien. Mit einer überschaubaren Anzahl intuitiv angelegter Hauptordner fällt das wesentlich leichter. Wenn Sie sich dafür entscheiden, eine neue Datei zu speichern, tun Sie das gleich im passenden Ordner. Andernfalls löschen Sie sie. Der Nutzen Ihres Ordnersystems wird sich beständig steigern, wenn Sie konsequent ähnliche Dateien im selben Ordner ablegen und nur das behalten, was Sie benötigen. Sind Projekte abgeschlossen, entscheiden Sie bewusst, ob sie es wert sind, in «Gespeicherte Arbeit» zu landen, oder ob sie getrost gelöscht werden können. Es ist nicht nötig, Dokumente wie Unternehmensleitlinien abzuspeichern, wenn sie an anderer Stelle verfügbar sind oder nicht mehr gebraucht werden.

Nutzen Sie Ihren Desktop mit Vergnügen

Ihr Desktop sollte eigentlich ein besonderer Ort sein, doch viele nutzen ihn als Müllhalde. Desktops sind oft übersät mit einmal heruntergeladenen und nie wieder verwendeten Dateien, alten Fotos und vergessenen Dokumenten. Früher habe ich so viele Dateien auf meinem Desktop abgelegt, dass ich nicht einmal mehr die Dateinamen lesen konnte! Jedes Mal, wenn ich mich auf meinem Computer anmeldete, wurde ich von einem visuellen Chaos begrüßt – und sinnvoll nutzen konnte ich nichts davon.

Verwandeln Sie Ihren Desktop in einen Ort, der Sie bei Ihrer Arbeit unterstützt und Ihnen Freude bereitet.

Auf dem Desktop können Dateien abgespeichert werden, die noch bearbeitet werden müssen, beispielsweise Berichte, die Sie noch lesen wollen,

Vorträge, an denen Sie heute noch arbeiten, oder unbezahlte Rechnungen. Ich habe dort außerdem einen «Glücksordner» eingerichtet. Für mich persönlich gehören da Dokumente hinein wie wissenschaftliche Veröffentlichungen, auf die ich wirklich stolz bin, eine kürzlich erhaltene positive Seminarevaluation oder der Videoclip einer meiner Vorträge. Wenn ich neue Aufsätze veröffentliche, neue Seminare gebe oder Vorträge vor neuen Klienten halte, tausche ich die Inhalte aus. Auch ein aktuelles Familienfoto bewahre ich im «Glücksordner» auf.

Zu guter Letzt wählen Sie ein inspirierendes Hintergrundbild für Ihren Desktop, das Sie mit Freude erfüllt.

Maries Desktop

Das Einzige, was sich auf meinem Desktop befindet, ist ein Ordner namens «Zwischenspeicher» und Dateien, die ich noch am selben Tag brauche.
Ich betrachte meinen Desktop genauso als Arbeitsort wie meinen Schreibtisch. Deshalb finden sich dort nur Dinge, die ich unmittelbar benötige. Mein Zwischenspeicher-Ordner ist wie ein Aktenschrank. Darin gibt es zwei Unterordner, einen mit «Dokumente» und einen mit «Fotos» betitelt, sowie eine Datei, die ich mir bald ansehen muss, und Fotos, die ich in den nächsten Tagen brauche.
Der «Fotos»-Ordner enthält Fotos, die ich gern für Projekte in naher Zukunft verwenden würde.
Der Ordner «Dokumente» enthält Word-Dokumente, PowerPoint-Präsentationen und PDF-Dateien. Als Ordnungsfanatikerin habe ich sogar jeweils einen Ordner für jede dieser drei Kategorien eingerichtet, doch um ehrlich zu sein, ist das unnötig. Sie

können jedes Dokument mit Leichtigkeit finden, wenn Sie nach Stichwörtern suchen.

Im «Fotos»-Ordner sind Kategorien hingegen entscheidend. Heruntergeladene Fotos haben normalerweise komplizierte Namen, was die Suche erschwert. Jedes einzelne umzubenennen ist wenig praktikabel, und deshalb ist es das Beste, sie entsprechend ihrer Verwendung in verschiedenen Ordnern abzulegen. Was mich betrifft, so habe ich Ordner für Fotos, die ich für meine Arbeit abspeichere, wie z. B. «Aufräumfotos» oder «Buchcover», und Ordner mit dem Namen «Für Instagram» oder «Für meinen Blog», in denen ich vorübergehend Fotos aufbewahre, die ich nach getaner Arbeit wieder löschen will.

Die Freude, die ein aufgeräumter Desktop versprüht, hat geradezu Suchtpotenzial. Allerdings muss ich gestehen, dass ich erst vor kurzem damit begonnen habe, Ordnung auf meinem Desktop zu halten. Eines Tages arbeitete ich in einem Café an meinem Laptop, als ein Fan mich ansprach. Ich habe mich für das Chaos auf meinem Bildschirm so sehr geschämt, dass ich ihn seitdem regelmäßig aufräume.

Welche Kategorien für Ihre digitalen Ordner am sinnvollsten sind, hängt von Ihrer Arbeit ab. Die genannten sind lediglich Vorschläge.

M. K.

Lassen Sie nicht zu, dass Ihr Posteingang überquillt

Wir schreiben und bekommen viel zu viele E-Mails – das ist Ihnen sicher nicht neu. Doch vielleicht haben Sie das Problem noch nicht in seinem ganzen Ausmaß erkannt. Der typische Büroangestellte verbringt ungefähr die Hälfte seines Tages damit, E-Mails zu bearbeiten.[2] Gleichzeitig haben Studien ergeben, dass mehr als die Hälfte aller Arbeitnehmer der Meinung ist, E-Mails hielten sie von der Arbeit ab.[3]

Ganz sicher war das bei Sasha der Fall. Wie viele Kleinunternehmer dachte die Markenberaterin, sie müsse für ihre Kunden permanent erreichbar sein. Sie stresste sich so sehr damit, ständig ihre E-Mails zu checken, dass ihr Schlaf darunter litt – und am Ende auch ihr Unternehmen. «Ich habe so viel Zeit damit verbracht, die E-Mails zu durchforsten und organisiert zu bleiben, dass es mich in meiner Entwicklung und meiner Produktivität vollkommen gehemmt hat», gestand sie.

Studien haben gezeigt, dass Ihre Produktivität sinkt und Ihr Stresslevel steigt, je mehr Zeit Sie mit E-Mails verbringen.[4] Als Sasha das für sich erkannte, begann sie, in ihrem Kalender bestimmte Zeiten festzulegen, in denen sie die E-Mails ihrer Kunden beantwortete – für den Rest des Tages ließ sie sie unbeachtet. Ihren Kunden kündigte sie diese neuen E-Mail-«Sprechzeiten» an. Zunächst war sie etwas besorgt, sie könnten verärgert sein und den Eindruck bekommen, der Service hätte nachgelassen. Doch in Wahrheit hatte sich die Situation für alle Beteiligten verbessert: Sasha bekam endlich die so dringend benötigte Zeit, um sich auf ihre eigentliche Arbeit zu konzentrieren, und ihre Kunden erhielten weniger und zielführendere E-Mails von ihr.

Ich weiß, wie groß die Versuchung ist, andauernd seine E-Mails zu checken. Auch mir geht es so. Ich bin in ständiger Sorge, dass mir etwas Wichtiges entgeht, und ein Teil von mir glaubt, verantwortlich zu sein bedeute, immer sofort reagieren zu müssen. Aber dann versuche ich mir in Erinnerung zu rufen, dass ich andere Pflichten habe, die viel wichtiger sind.

Wenn Sie also versucht sind, immer alle E-Mails sofort zu lesen und zu beantworten, dann blocken Sie sich gesonderte Zeiten für den E-Mail-Verkehr. Geben Sie sich den Freiraum, Ihre Arbeit ohne Unterbrechung zu genießen – und wenn es sich nur um eine halbe Stunde am Tag handelt, in der Sie Ihr E-Mail-Programm zum Schweigen bringen.

Studien zufolge gibt es drei unterschiedliche Herangehensweisen, wie Menschen mit ihren E-Mails umgehen.[5] Alle drei können Probleme mit sich bringen.

Manche Menschen räumen ständig ihren Posteingang auf. Diese **Viel-Ordner** befinden sich in permanenter Alarmbereitschaft, und wenn sie eine E-Mail erhalten, treten sie blitzschnell in Aktion. Sie unterbrechen, was sie gerade tun, lesen die Nachricht und legen sie sofort ab. Das Problem an dieser Methode: Die Bearbeitung einer einzigen eintreffenden E-Mail kann dafür sorgen, dass Sie erst nach 26 Minuten wieder dort einsteigen, wo Sie ursprünglich unterbrochen worden sind.[6]

Wenn Viel-Ordner auch noch ein ausgeklügeltes und weitverzweigtes Ordnersystem angelegt haben, richten sie am Ende oft mehr Schaden an, als Nutzen zu stiften. Abgesehen davon, dass die Pflege dieses Systems viel Zeit frisst, ist es schwer, etwas wiederzufinden und die E-Mails richtig einzusortieren.[7] Tatsächlich haben Studien ergeben, dass mehr als 20 Ordner nur schwer zu managen sind.[8] Wenn wir zu viele Ordner haben, verbringen wir zu viel Zeit damit, den richtigen zu finden, um Nachrichten abzuspeichern, und uns dann wieder daran zu erinnern, wo wir sie abgelegt haben.

Eine zweite Art, wie Menschen mit E-Mails umgehen, besteht darin, den Posteingang alle paar Monate einer Grundreinigung zu unterziehen.

Bei diesen **Frühjahrsputzern** wechseln sich Zeiten eines überquellenden, unübersichtlichen Posteingangs ab mit kurzen Etappen, in denen der Posteingang nahezu leer ist, weil fast alle E-Mails gelöscht worden sind. Ihnen widerfährt das Schlimmste beider Extreme – Chaos auf der einen und der Verlust wichtiger E-Mails auf der anderen Seite. Ich weiß, wie großartig das Gefühl ist, wenn man seinen überfüllten Posteingang mit einem Schlag leert. Doch dieses Hochgefühl wird sich genauso schnell in Frust verwandeln, wenn Sie aus Versehen etwas Wichtiges gelöscht haben.

Die dritte Herangehensweise besteht darin, einfach alle E-Mails im Posteingang zu sammeln. Diese **Nicht-Ordner** wissen nicht, wie sie ihre E-Mails sortieren sollen, oder sie wollen keine Energie dafür aufbringen. Ihnen bleibt also nichts anderes übrig, als sich auf die Suchfunktion ihres E-Mail-Programms zu verlassen. Zwar ist die Suchmaschinentechnik ziemlich ausgereift, doch sie funktioniert um einiges besser und schneller, wenn sie nicht Berge unwichtiger E-Mails durchforsten muss.

E-Mails zu verwalten muss nicht kompliziert sein – oder zeitaufwändig. Bewahren Sie einfach nur das auf, was Sie in Zukunft brauchen werden, und speichern Sie die E-Mails in einem logischen System einiger weniger Ordner ab.

Fangen Sie mit Ihrem Posteingang an. Dabei handelt es sich nur um einen temporären Speicherort für E-Mails, die auf ihre Bearbeitung warten. Er ist weder für E-Mails da, die Sie auf Dauer abspeichern wollen, noch für einfach jede E-Mail, die Sie erhalten.

Wenn Sie entscheiden wollen, ob Sie eine E-Mail speichern oder nicht, stellen Sie sich folgende Fragen:

Benötige ich diese E-Mail in Zukunft für meine Arbeit? (Manchmal müssen wir uns einen E-Mail-Wechsel erneut durchlesen oder benötigen ihn als Nachweis.)

Verspricht mir das erneute Lesen dieser E-Mail Wissen, Inspiration oder Motivation für meine zukünftige Arbeit?

Erfüllt mich diese E-Mail mit Freude?

Finden Sie eine Herangehensweise, die für Sie und Ihre Arbeit sinnvoll ist. Wie bei den anderen Dateien streben Sie auch hier eine angemessene Anzahl Ordner an – üblicherweise nicht mehr als zehn, einschließlich der Unterordner. Stehen Projekte miteinander in Beziehung, können Sie die E-Mails in einem Ordner ablegen und mit der Suchfunktion wiederfinden. Wenn Sie beispielsweise an Projekten wie «Blog», «Instagram» oder «Facebook» arbeiten, können Sie einen übergeordneten Ordner namens «Social Media» einrichten, in dem Sie verschiedene Social-Media-Projekte verwalten.

Andere nützliche Ordner könnten wichtige Unterlagen versammeln, beispielsweise E-Mails von Ihrem Chef, die die Firmenpolitik betreffen. Ich habe außerdem einen Glücksordner, in dem ich E-Mails ablege, die ich lese, wenn ich einmal einen schlechten Tag habe – E-Mails von Studenten, die mir für eine tolle Vorlesung danken, Lob anderer Wissenschaftler für meine wissenschaftlichen Studien und Komplimente von meinen Klienten über meine Tätigkeit als Berater oder Redner. Wenn Sie einen wichtigen Anhang aufbewahren wollen, ist es für gewöhnlich besser, ihn im entsprechenden Ordner bei Ihren anderen digitalen Dokumenten abzulegen.

Nachdem Sie nun Ihren Posteingang aufgeräumt und Ihre E-Mails in Ordnern abgelegt haben, wenden Sie sich allen bereits bestehenden Ordnern zu. Beginnen Sie damit, diejenigen Ordner zu identifizieren, die fortbestehen sollen. Wenn Sie bisher alle E-Mails abgespeichert haben, wäre es viel zu zeitaufwändig, jede einzelne E-Mail durchzugehen. Löschen Sie Ordner, die nicht mehr gebraucht werden – für mich sind das solche, die Material für Seminare enthalten, die bereits einige Zeit zurückliegen. Stellen Sie auch hier sicher, dass Sie den betrieblichen oder branchenspezifischen Bestimmungen der Datenspeicherung folgen. Lassen Sie außerdem Ihren «Gesendet»-Ordner so, wie er ist. Auf ihn kann die Suchfunktion angewendet werden, und es ist die Mühe nicht wert, jede einzelne E-Mail darin unter die Lupe zu nehmen.

Zu guter Letzt möchte ich Sie noch einmal daran erinnern, Ihre E-Mails täglich zu bearbeiten. Wenn Sie neue erhalten, ändern Sie Ihre innere Einstellung von «Alles wird gespeichert» auf «Alles wird gelöscht», es sei denn, es gibt gute Gründe, sie zu behalten. Am besten reservieren Sie sich für die Bearbeitung Ihrer E-Mails jeden Tag einige wenige Zeitfenster, z. B. gleich zu Beginn und ganz am Ende Ihres Arbeitstags. Sie werden sehen: Manche Dinge regeln sich bis zum Ende des Tages von selbst.

E-Mails in extra dafür vorgesehenen Zeitfenstern zu bearbeiten, lenkt weniger ab: Sie können sich ganz auf die Arbeit konzentrieren, die am wichtigsten ist. Informieren Sie Menschen, die auf Ihren Input angewiesen sind, über Ihre Vorgehensweise, und schlagen Sie für dringende Angelegenheiten andere Kanäle vor, damit Sie nicht ständig Ihre E-Mails checken müssen.

Haben Sie Zweifel, ob die skizzierte Methode bei Ihnen funktionieren wird? Vielleicht gehören Sie zu den Nicht-Ordnern und sagen sich: «Ich habe meine E-Mails schon so lange vernachlässigt, ich bin ein hoffnungsloser Fall.» Wenn Sie mit der Aufgabe überfordert sind, habe ich einen kleinen Trick für Sie parat: Markieren Sie all Ihre E-Mails, und verschieben Sie sie in einen Archivordner. Sie können den Ordner jederzeit nach einer bestimmten E-Mail durchsuchen, selbst wenn die Suche dann mitunter auch irrelevante Treffer anzeigt. Wagen Sie einen Neuanfang, indem Sie von nun an nur noch das aufbewahren, was Sie wirklich brauchen. Speichern Sie Ihre E-Mails zukünftig in ausgewählten Ordnern, deren Anzahl Sie auf maximal zehn begrenzen. Sind Sie jetzt verwirrt, weil Sie für die digitale Welt den Freifahrtschein erhalten, Ihr Mailchaos aus dem Posteingang einfach in einen Archivordner zu verschieben? Wenn Ihnen das mehr Freude bereitet, zeige ich Ihnen lieber, wie Sie mehr Kontrolle über Ihr digitales Leben gewinnen, als zu verlangen, dass Ihre E-Mails perfekt geordnet sind.

Egal, wie Sie mit Ihren E-Mails verfahren: Wir sind uns wohl alle einig, dass es eine gute Sache ist, generell weniger E-Mails zu bekommen. Verwechseln Sie E-Mails niemals mit Ihrer Arbeit! E-Mails sind nur eines von vielen Werkzeugen, die Ihnen dabei helfen, Ihre Arbeit zu erledigen, nicht die Arbeit selbst.

Beginnen Sie beim Aufräumen mit Newslettern und E-Mail-Verteilern. Sie haben sie einmal abonniert – vielleicht, um sich in Ihrem Job zu verbessern. Jetzt ist der Moment der Wahrheit gekommen: Welche davon helfen Ihnen wirklich dabei, Ihr ideales Arbeitsleben zu erreichen, und welche lenken Sie bloß zusätzlich ab? Schaffen Sie auch hier unter der Prämisse Ordnung, erst mal alle abzubestellen, und entscheiden Sie sich dann nur für diejenigen, die Ihnen Freude bereiten. Dasselbe gilt für alle weiteren Newsletter, die Sie nach dem Aufräumen erhalten.

Als Nächstes reduzieren Sie die Anzahl der E-Mails, die Sie an andere versenden. Nur weil es einfach ist, E-Mails zu verschicken, sollte dies nicht dazu führen, es andauernd zu tun. Gehen Sie mit gutem Beispiel voran, und versenden Sie nur E-Mails, die nötig sind, um Ihre Arbeit zu erledigen. Je weniger E-Mails Sie abschicken, desto weniger Antworten erhalten Sie.

Verschicken Sie E-Mails ausschließlich an Leute, die für einen Vorgang verantwortlich sind oder aber zu Rate gezogen bzw. informiert werden müssen. Setzen Sie nicht alle und jeden in Kopie. Falls angemessen, sprechen Sie Ihre Kollegen an und fragen Sie sie persönlich, ob sie in den entsprechenden E-Mail-Verteiler aufgenommen werden möchten. So lernen Sie die jeweiligen Präferenzen kennen.

Halten Sie einen Moment inne, bevor Sie jemanden in Kopie setzen, und seien Sie sich selbst gegenüber ehrlich: Fügen Sie die Person wirklich hinzu, weil sie informiert werden muss oder weil Sie eine Antwort von ihr benötigen? Das sind beides gute Gründe. Setzen Sie allerdings niemals jemanden in CC, um ihn vor anderen anzuklagen, Vorwürfe zu erheben oder um sich selbst hervorzutun.

Seien Sie besonders vorsichtig mit der Funktion «Allen antworten». Wenn Sie eine konkrete Frage zur Klärung eines Sachverhalts haben, die nur den Absender betrifft, dann antworten Sie nur ihm. Achten Sie darauf, nicht versehentlich den Posteingang der gesamten Gruppe mit Ihren Abendplänen zuzumüllen.

Maries Posteingang

Wenn ich in meinem Posteingang eine lange Liste von E-Mails sehe, muss ich immer an einen überquellenden Briefkasten denken.
Die einzigen E-Mails, die ich in meinem Posteingang aufbewahre, sind die, die noch eine Antwort oder irgendein anderes Vorgehen erfordern, oder aber solche, die ich mir zu einem späteren Zeitpunkt noch einmal genau durchlesen möchte. Damit alles überschaubar bleibt, begrenze ich die zu bearbeitenden E-Mails auf 50, also die maximale Anzahl, die bei mir ohne Scrollen sichtbar ist. Wenn ich eine E-Mail abspeichern muss, sortiere ich sie in einen meiner wenigen Ordner, betitelt mit «Arbeit», «Privat» und «Finanzen». Da die Suche bei E-Mails besonders gut funktioniert, ist es nicht nötig, hier viele unterschiedliche Kategorien aufzumachen.
E-Mails, die ich nicht brauche, lösche ich sofort. Dazu gehö-

ren auch Newsletter, die ich schon gelesen habe. Die Ordner «Spam» und «Papierkorb» werden bei mir automatisch alle 30 Tage geleert, doch weil es mich nervös macht, wenn sich die E-Mails darin ansammeln, leere ich sie manchmal auch per Mausklick. Ich mag in dieser Hinsicht ein etwas extremes Beispiel sein, doch selbst Feng-Shui-Praktizierende sagen: Wenn Sie Ihren Posteingang aufräumen, erhalten Sie die Informationen, die Sie suchen, dann, wenn Sie sie brauchen. Sollten Sie also einmal feststellen, dass Sie notwendige Informationen nicht rechtzeitig bekommen haben, oder wenn Sie generell Ihr Glück bei der Arbeit steigern wollen, dann rate ich Ihnen dringend, Ihren Posteingang aufzuräumen.

M. K.

Weniger Apps – weniger Ablenkung

Wir nutzen unsere Smartphones durchschnittlich 85-mal am Tag, was sich insgesamt auf mehr als fünf Stunden summiert.[9] Dafür gibt es absolut keinen Grund.

Viele Apps sind gezielt so konzipiert, dass sie süchtig machen – kein Wunder, dass sie uns von der Arbeit ablenken.

Hinzu kommt ein erschreckendes Detail: Allein der Umstand, dass das Smartphone in unserer Nähe ist, z. B. stummgeschaltet auf dem Tisch liegt, kann unsere Leistungsfähigkeit beeinträchtigen.[10] In einem Versuch wurden die Teilnehmer gebeten, ihr Handy entweder auf den Tisch zu legen, es in ihre Hosen- bzw. Handtasche zu stecken oder in einen anderen Raum zu bringen. Anschließend mussten alle Probanden dieselben Rechenaufgaben lösen und einen einfachen Gedächtnistest absolvieren. Sämtliche

Handys waren stummgeschaltet und, sofern sie auf dem Tisch lagen, mit dem Display nach unten gedreht. Die Teilnehmer bekamen also nichts von eintreffenden Nachrichten oder Erinnerungen mit.

Der Versuch förderte überraschende Ergebnisse zutage: Je verfügbarer das Smartphone war (am zugänglichsten auf dem Tisch), desto schlechter schnitten die Teilnehmer bei den Rechenaufgaben und im Gedächtnistest ab – die bloße Präsenz eines Smartphones beeinträchtigte ihre Leistungsfähigkeit. Die Wissenschaftler schlossen daraus, dass allein das Wissen um das Vorhandensein des Smartphones bereits ablenkt und uns mental ermüdet, selbst wenn das Handy stummgeschaltet und das Display nicht sichtbar ist. Darüber nachzudenken, was wir verpassen könnten oder tun würden, wenn wir das Handy in der Hand hätten, kostet uns wertvolle mentale Ressourcen. Eine weitere Studie ergab, dass auch Studenten schlechter abschnitten, wenn Smartphones im Prüfungssaal erlaubt waren.[11]

Natürlich können Smartphones uns helfen, effizienter zu arbeiten, doch wenn wir zu abhängig von ihnen sind, beeinträchtigen sie unsere Arbeit. Stellen Sie alle Benachrichtigungen bis auf die unbedingt erforderlichen stumm, und legen Sie Ihr Handy außer Sichtweite, wenn Sie es gerade nicht brauchen. Schalten Sie es beim Essen aus und legen Sie es nachts weit weg. Außerdem müssen Sie Ihr Handy nicht überallhin mitnehmen. Einer jüngsten Studie zufolge nehmen fast drei Viertel aller Amerikaner ihr Handy sogar mit auf die Toilette.[12] Glauben Sie mir, die E-Mail, die SMS oder die Benachrichtigung kann warten, bis Sie die Spülung gedrückt haben!

Je weniger Apps sich auf Ihrem Handy befinden, desto weniger werden Sie abgelenkt, und desto weniger Gründe haben Sie, es in unmittelbarer Nähe zu behalten. Es mag aufregend sein, sich die neueste App herunterzuladen, doch die meisten Leute machen den Fehler, die App nicht wieder zu löschen, wenn sie sie nicht mehr nutzen oder sie ihnen keine Freude mehr bringt. Indem Sie Ihre Apps aufräumen, schaffen Sie Speicherplatz und verlängern die Akkuleistung für diejenigen Anwendungen, die Ihnen wirklich Spaß machen.

Nehmen Sie nun Ihr Handy in die Hand, und gehen Sie jede einzelne App durch. Stellen Sie sich zunächst folgende Frage: *Brauche ich diese App?* Einige Unternehmen verlangen, dass alle Mitarbeiter oder Angehörige bestimmter Arbeitsbereiche spezielle Apps verwenden. In diesem Fall müssen Sie die App natürlich behalten.

Als Nächstes fragen Sie sich: *Hilft mir diese App bei der Arbeit?*

Ob nun eine App für mehr Produktivität oder die Spesenverwaltung: Behalten Sie Apps, durch die Sie sich in Ihrem Job verbessern können oder die Sie Ihren Vorstellungen von einem idealen Arbeitsleben näherbringen. Erfinden Sie keine Ausflüchte, um Apps zu behalten, wie z. B. *Ich habe für diese App gezahlt* oder *Eines Tages wird sie mir noch nützlich sein*. Wenn sie bereits seit Monaten ungenutzt auf Ihrem Handy herumliegt, werden Sie ganz bestimmt nicht eines Tages aufwachen und sie plötzlich unbedingt doch noch verwenden wollen.

Zu guter Letzt fragen Sie sich: *Bereitet mir diese App Freude?* Behalten Sie diejenigen Apps, deren Verwendung echte Freude in Ihnen hervorruft.

Wenn Sie über diese drei Fragen nachgedacht haben und zu dem Schluss gekommen sind, dass eine App es nicht wert ist zu bleiben, dann löschen Sie sie. Wenn Sie sie aus irgendeinem Grund in Zukunft doch noch benötigen sollten, ist es ein Leichtes, sie wieder herunterzuladen, und normalerweise müssen Sie auch nicht erneut dafür zahlen.

Nachdem Sie Ihre App-Sammlung deutlich verschlankt haben, ist es an der Zeit, sie in unterschiedliche Kategorien einzuteilen und Ordnung auf Ihrem Display zu schaffen. Bedenken Sie bei der Einteilung in Kategorien, welchem Zweck jede einzelne App dient und wie oft Sie sie nutzen. Eine Herangehensweise wäre, die am häufigsten genutzten Apps auf Ihrem Startbildschirm anzuordnen. Eine andere, sie in einige wenige Ordner wie «Produktivität», «Firma», «Social Media», «Reisen» usw. einzusortieren. Wenn Sie sowieso nicht viele Apps haben, können Sie sie einfach in «Arbeit» und «Privat» aufteilen. Da wir alle unsere Handys sehr unterschiedlich nutzen, gibt es hier keine goldene Regel.

Maries Apps

Ein aufgeräumter Startbildschirm kann tatsächlich ein wichtiger Quell der Freude sein. Ich ordne hier Apps an, die ich häufig verwende, wie meine E-Mails, den Kalender und die Foto-App; den Rest sortiere ich in drei unterschiedliche Ordner namens «Business», «Leben» und «Freude». Mir werden nie mehr als zehn Apps auf einmal angezeigt. Ich lege viel Wert darauf, sie auf drei unterschiedliche Seiten des Home-Bildschirms aufzuteilen und ganz oben zu platzieren. Auf diese Weise sehe ich jedes Mal, wenn ich mein Handy in die Hand nehme, etwas, das wirklich Glücksgefühle in mir auslöst: Hintergrundbilder meiner Töchter. Aufräumen macht viel mehr Spaß, wenn wir uns darauf konzentrieren, wie uns unser Display Freude bereiten kann, anstatt darauf, welches Chaos dort herrscht.
M. K.

Rufen Sie sich immer wieder in Erinnerung, dass Sie über die technischen Geräte bestimmen, nicht umgekehrt. Nutzen Sie sie, um Ihren Arbeitsalltag zu erleichtern und in Ihrer Arbeit eine Quelle der Freude zu sehen.

Wenn Sie Ihre Dateien, E-Mails und Smartphone-Apps aufräumen, werden Sie erkennen, dass sie lediglich Hilfsmittel sind und keine Archive für alles, was Ihr Berufsleben betrifft!

KAPITEL 5 Zeit richtig einteilen

Christinas Tage begannen für gewöhnlich um sechs Uhr morgens und endeten gegen Mitternacht in ihrer Küche mit der ersten und einzigen Mahlzeit des Tages – einer Schale Müsli. Diese ruhigen Momente zu Hause waren selten, denn die meiste Zeit verbrachte sie bei ihrer Arbeit, die sie kaum ertragen konnte. Auf dem Papier schien ihr Job gut zu ihr zu passen: Als Leiterin eines Start-ups innerhalb einer großen gemeinnützigen Organisation konnte sie ihre Leidenschaft, anderen zu helfen, mit ihrem Unternehmergeist vereinen. Wo also lag das Problem?

Christinas Terminkalender war ein einziges Chaos! Als sie sich bei ihrer eigentlichen Arbeit nicht mehr wertgeschätzt fühlte, begann sie, Nebenprojekte zu übernehmen. Sie hoffte, sich dank dieser freiwilligen Tätigkeiten und einem zweiten Masterstudium wieder intelligent, talentiert und produktiv zu fühlen. Doch das Gegenteil war der Fall. Sie war einfach nur erschöpft.

Trotz ihres überquellenden Terminkalenders sagte sie sofort zu, wenn jemand sie um ihre Zeit bat. Es war einfach zu verlockend, etwas Zukünftigem mit einem Ja zu antworten, um ein schwieriges oder unangenehmes Nein im Hier und Jetzt zu vermeiden. Und stand der Termin erst einmal in ihrem Kalender, fühlte sie sich verpflichtet, ihn auch wahrzunehmen. Christinas Terminkalender war schon sechs Wochen im Voraus komplett ausgebucht.

Da sie nur noch wenig Zeit für ihre Familie und Freunde hatte, litt ihr Privatleben. Sie achtete nicht mehr auf ihre Gesundheit, hörte mit dem Daten auf und fühlte sich insgesamt richtig mies. Weil sie nicht wusste, wie sie ihre Zeit besser organisieren könnte, wurde ihr Leben mehr und mehr von ihrem Kalender bestimmt.

Um das zu ändern, stellte sich Christina in einem ersten Schritt ihr ideales Arbeitsleben vor: «Ich will Raum haben, um auch einmal spontan ja sagen zu können. Ich will auch mal in einem verspäteten Zug sitzen oder hinter einem trödelndem Kind herlaufen können, ohne gleich frustriert zu sein, weil ich zu spät komme und mein ganzer durchgetakteter Terminkalender über den Haufen geworfen wird. Ich will weniger wütend sein.»

Im nächsten Schritt kopierte sie all ihre Termine von ihrem Kalender in eine Excel-Tabelle, gab ein, wie viel Zeit sie mit jeder Tätigkeit verbrachte, und schrieb zum Vergleich auf, wie sie ihre Zeit idealerweise gerne verbringen würde. Außerdem bewertete sie jede einzelne Tätigkeit danach, wie viel Freude sie ihr bereitete. Als sie die Ergebnisse sah, konnte sie es kaum fassen: Fast die Hälfte ihrer Zeit verbrachte sie mit Dingen, die ihr keinen Spaß machten! Sie hatte sich für die falschen Dinge Zeit genommen.

Um ihrem idealen Arbeitsleben näherzukommen, hörte Christina auf, zu allem automatisch ja zu sagen und sich vor einem Nein zu drücken. Stattdessen übernahm sie nur noch Aufgaben, die ihr wichtig waren. «Ich habe erkannt, dass der ganze Wahnsinn in meinem Terminkalender vor allem daher rührte, dass ich lauter Dinge, die mich glücklich machten, anhäufte, um all die Dinge auszugleichen, die mich unglücklich machten – statt das eigentliche Problem anzugehen», stellte sie fest.

Höflich sagte Christina Termine ab, die sie für unwichtig hielt. Dazu gehörten auch wiederkehrende Meetings, die automatisch zu ihrem Kalender hinzugefügt wurden und zu denen die Organisatoren sowieso meist zu spät und ohne konkrete Agenda erschienen. Sie bat auch ihre Kollegen, bewusst mit ihrer Zeit umzugehen und beispielsweise einen halbstündig angesetzten Termin durch einen kurzen Anruf zu ersetzen. Zwar empfanden einige Leute dies als Zurückweisung und waren verärgert, doch die meisten hatten Verständnis. Außerdem schob Christina eine Deadline als Entschuldigung vor, um ihre Termine von Grund auf neu zu vereinbaren. Nur einige wenige Meetings wurden daraufhin noch beibehalten – offensichtlich war Christina nicht die Einzige, die die jeweilige Sitzung als unwichtig erachtete.

Natürlich hatte sie nach wie vor Pflichten: Sie musste weiterhin E-Mails beantworten und bestimmte Aufgaben übernehmen, um ihrem Job zu behalten, doch sie konnte viele überflüssige Tätigkeiten streichen. Mit der neu gewonnenen Zeit begann sie die kleinen Freuden des Lebens wieder zu genießen – kochen, regelmäßig Sport treiben, einmal im Monat brunchen gehen und sich am Wochenende mit Freunden verabreden. Kurz darauf traf sie sogar die Liebe ihres Lebens und verlobte sich!

Gerade als sie ihrem Privatleben wieder Leben eingehaucht hatte, erhielt sie kurzfristig eine Einladung zu einer Gala, die sie nur dank ihres neuen Zeitmanagements in Betracht ziehen konnte. Sie sagte zu. Während des Abendessens entspann sich ein Gespräch mit dem leitenden Angestellten eines Start-ups, der ihr bald darauf eine Stelle anbot. Diese zufällige Begegnung verschaffte ihr genau das, wonach sie gesucht hatte – eine grundlegende berufliche Veränderung und ein Umfeld, in dem ihre Arbeit geschätzt und ihre Zeit geachtet wurde.

In jedem Job gibt es frustrierende Momente. Auch Christinas neue Stelle bildete da keine Ausnahme. Doch sie war nicht länger Sklavin einer Jasager-Mentalität, durch die sie laufend überlastet war, und das in einem Job, der sie nicht glücklich machte. «Nicht alle Aspekte meines neuen Jobs erfüllen mich mit Freude. Doch ich habe inzwischen ein gutes Gefühl dafür, ob ich mich auf ein Projekt freue oder nicht. Wenn die Gruppenarbeit sich nicht freudvoll anlässt, ist das ein Zeichen für mich, dass ich etwas ändern muss.»

Der Schlüssel zu mehr Freude bei der Arbeit liegt darin, mehr Zeit in

Tätigkeiten zu investieren, die Spaß machen, und weniger in solche, die es nicht tun. So weit, so einfach – bis zu dem Moment, in dem der Chef uns einen Auftrag erteilt, der doppelt so lange dauert, als er ursprünglich dafür angesetzt hat, ein Kollege eine «kurze» Frage hat oder die Befindlichkeiten eines Klienten unseren Tag durcheinanderbringen. Was können wir tun, um unsere verlorene Zeit zurückzugewinnen?

Das Durcheinander von Tätigkeiten stört unseren Arbeitsalltag

Wir können unsere Arbeitstage verkürzen und erfreulicher gestalten, wenn wir lernen, das Durcheinander unserer Tätigkeiten zu ordnen. Wir verlieren uns häufig in Dingen, die wertvolle Zeit kosten und Energie rauben, ohne dass sie uns unseren persönlichen, professionellen oder den Unternehmenszielen näherbringen würden. Dazu gehören Meetings, die keine neuen Informationen bereithalten oder für bessere Entscheidungen sorgen, Projekte, die kaum eine Chance haben, fertiggestellt zu werden, und ausgefeilte Präsentationen, die keinen substanziellen Inhalt haben. Im Durchschnitt verbringen wir weniger als eine halbe Stunde unseres Berufsalltags mit unseren eigentlichen Aufgaben, der Rest der Zeit wird von Unterbrechungen, unwichtigen Beschäftigungen, administrativen Aufgaben, E-Mails und Meetings geschluckt.[1] Wie konnte es so weit kommen?

Zum Glück hält die Psychologie einige Antworten bereit. So hat sie drei Fallen identifiziert, die zu Chaos in unserem Berufsleben führen können: das sogenannte Overearning (s. u.), weil man zu hart für die falschen Ergebnisse arbeitet; die Neigung, dringende Aufgaben vor wichtige zu stellen, und Multitasking.

Die Overearningfalle

Ich bin ganz sicher der Letzte, der Ihnen sagen würde, dass harte Arbeit sich nicht auszahlt. Schon als kleiner Junge fiel mir auf, dass viele Eltern damit angaben, wie intelligent oder talentiert ihre Kinder doch seien. Meine haben das nie getan. Stattdessen erzählte meine Mutter überall herum, wie fleißig ich war. Zweifellos ist es ein großartiges Gefühl, etwas zu erreichen, für das man hart gearbeitet hat. Doch was, wenn ein Großteil unserer Anstrengungen ins Leere läuft, weil wir auf Ziele hinarbeiten, auf die wir eigentlich gar keinen Wert legen?

Am Arbeitsplatz erleben Menschen diese leeren Anstrengungen als das, was Psychologen «Überverdienen» *(overearning)* nennen.[2] Stellen Sie sich vor, Sie nehmen an einem Experiment teil. Sie werden in einen Raum gebeten, in dem angenehme Musik läuft – eine herrlich entspannte Atmosphäre. Wenn Sie allerdings bereit sind, darauf zu verzichten, bekommen Sie Schokolade. Dazu müssen Sie auf einen Knopf drücken, und statt der Musik erklingt das grauenhafte Geräusch einer Motorsäge – mit der Entspannung wär es vorbei, aber Sie würden Süßes bekommen. Sie müssten die Schokolade sofort essen, es gäbe keine Möglichkeit, sie aufzubewahren oder mit anderen zu teilen.

Ich liebe Schokolade und würde ganz sicher das ein oder andere kleine Zugeständnis machen, um mir ein Stück zu ergattern. Die Studienteilnehmer sahen das ähnlich. Leider lief die Sache aus dem Ruder: Hatten sie nämlich einmal angefangen, sich auf diese Art und Weise Schokolade zu verdienen, fiel es ihnen schwer, wieder damit aufzuhören. Am Ende des Experiments hatten die Teilnehmer sich weitaus mehr Schokolade erarbeitet, als sie überhaupt essen konnten – geschweige denn wollten.

Die Studie zeigt uns, dass wir zu schnell zu viel Energie in etwas stecken, das uns eigentlich nicht viel bedeutet. Die Teilnehmer verloren ihr ursprüngliches Ziel völlig aus den Augen, nämlich sich genug Schokolade zu verdienen, um ihren Appetit auf Süßes zu stillen. Stattdessen versuchten sie, so viel Schokolade wie möglich zu ergattern. Anstatt ihre Zeit für genau das aufzuwenden, was sie haben wollten, verausgabten sie sich weiter. Je mehr die Leute bekamen, desto weniger stellte die Schokolade sie zufrieden. Sie konnten die Früchte oder, besser gesagt, die Schokolade ihrer Arbeit nicht mehr genießen!

Nach Belohnungen zu streben und ehrgeizig zu sein liegt in unserer Natur, doch unser Eifer kann schnell aus dem Ruder laufen. Wenn Sie entscheiden, wie Sie Ihre Zeit verbringen, denken Sie immer daran: Tauschen Sie etwas, das Sie gern tun, niemals gegen eine Belohnung ein, die Sie im Grunde gar nicht wertschätzen. Indem wir uns bewusst machen, was wir wirklich wollen und wer wir wirklich sind, können wir uns davor bewahren, in die Überarbeitungsfalle zu tappen und falschen Zielen nachzujagen, die wir später bereuen werden.

Die Dringlichkeitsfalle

Anstatt die Zeit zu nutzen, uns in unsere Arbeit zu vertiefen und uns zu freuen, wenn wir eine wichtige Aufgabe erledigt haben, springen wir von einer scheinbar dringenden Aufgabe zur nächsten. Dadurch haben wir wenig Zeit, nachzudenken und uns weiterzuentwickeln. Studien haben ergeben, dass die Hälfte aller Tätigkeiten einer Führungskraft weniger als neun Minuten dauert.[3] Ihr bleibt also kaum Zeit für tiefergehende Überlegungen. In einer Acht-Stunden-Schicht werden Fabrikvorarbeiter durchschnittlich 583-mal bei ihrer eigentlichen Arbeit unterbrochen.[4] Mittlere Angestellte haben nur alle paar Tage eine halbe Stunde oder mehr für ungestörte Arbeit.[5]

Wenn es Ihnen wie den meisten geht, dann schalten Sie bei der Arbeit auf Autopilot und bearbeiten Ihre Aufgaben entsprechend ihrer Dringlichkeit anstatt nach ihrer Wichtigkeit. Kein Wunder, dass mehr als 50 Prozent aller Menschen sich zumindest zeitweise überfordert fühlen.[6] Das führt zu Fehlern bei der Arbeit, Wut auf den Arbeitgeber und Ärger unter Kollegen.

Unser Gehirn spielt uns einen Streich, indem es uns glauben lässt, die dringlichsten Tätigkeiten seien die wichtigsten. Dadurch geben wir oft den falschen Aufgaben den Vorrang. Verwechseln Sie niemals dringende mit wichtigen Aufgaben: Da gibt es einen himmelweiten Unterschied.

Dringende Aufgaben müssen innerhalb einer bestimmten Zeit erledigt werden, sonst bleiben sie unbearbeitet – man denke an die Klientin, die nur an diesem Tag in der Stadt ist und die man zum Abendessen treffen sollte, an den Kollegen, der Hilfe bei einem Projekt braucht, bei dem die Deadline bevorsteht, oder an das jährliche Mitarbeiter-Retreat, bei dem unsere Teilnahme erwartet wird.

Wichtige Aufgaben sehen anders aus. Wenn sie gemeistert werden, hat das positive, wenn wir scheitern, negative Folgen. Zu wichtigen Aufgaben gehören beispielsweise die eigene berufliche Weiterentwicklung durch Lesen und Fortbildungen, ein Produkt-Update und ein kollegiales Miteinander.

Einige Aufgaben sind sowohl wichtig als auch dringend und stehen bei den meisten ganz oben auf der Prioritätenliste – sei es die Steuererklärung, die Antwort auf ein Stellenangebot oder das Besänftigen eines verärgerten Kunden.

Auch nicht weiter überraschend: Normalerweise haben nicht dringliche und unwichtige Tätigkeiten für uns keine Priorität (meistens zumindest!) – sei es gedankenloses Scrollen durch die sozialen Medien oder Online-Shopping während der Arbeitszeit.

Doch was ist mit Aufgaben, die dringend, aber nicht wichtig sind, z. B. die Teilnahme am wöchentlichen Mitarbeitertreffen oder der Anruf eines Kollegen, der noch beantwortet werden muss? Oder was ist mit wichtigen, aber nicht dringenden Aufgaben, wie unserer längerfristigen Karriereplanung? Denken Sie eine Minute lang über folgende Frage nach: Woran werden Sie heute voraussichtlich arbeiten? Wahrscheinlich an den dringenden Aufgaben.

Es gibt einen Grund, warum wir dringenden Aufgaben meist den Vorzug geben: Wichtige Aufgaben sind tendenziell schwieriger zu bewältigen als dringende, weshalb wir sie nur widerwillig in Angriff nehmen. Dringende Aufgaben hingegen versprechen unmittelbaren Erfolg. Es fällt uns leicht, sie anzugehen und schnell zu erledigen. Wenn Sie sich gut fühlen wollen – zumindest für kurze Zeit –, erscheint es sinnvoll, eine dringende Aufgabe abzuhaken. Auf lange Sicht gesehen arbeiten Sie so allerdings weder an etwas, das Ihrer Karriere dient, noch an etwas, das für Ihr Unternehmen wirklich von Bedeutung ist.

Außerdem werden wir durch künstliche Deadlines dazu verleitet, uns auf diese vermeintlich dringenden Aufgaben zu konzentrieren. Im Arbeitsalltag begegnet uns jede Menge «falsche Dringlichkeit». Haben Sie sich jemals gefragt, woher die Deadline kommt, die Ihre Kollegin oder Ihr Klient eine Woche nach Ihrer Besprechung angesetzt hat? Nur allzu oft sind diese Termine vollkommen willkürlich. Vergewissern Sie sich lieber einmal mehr, ob die anberaumte Deadline die tatsächliche Deadline ist.

Es stellte sich heraus, dass allein das Denken, wir seien mit anderen Dingen beschäftigt, selbst wenn das nicht stimmt, uns anfälliger dafür macht, uns von falscher Dringlichkeit gängeln zu lassen.[7] Wer hat mit so viel Arbeit und nun noch einer weiteren Deadline im Nacken schon Zeit, sich zu überlegen, welche «wichtigen» Aufgaben wir zuerst erledigen sollten?

Die Multitaskingfalle

Ich bin sicher, auch Sie kennen Menschen, die mit ihren Multitasking-Fähigkeiten angeben. Sie erzählen gern von ihren scheinbar übermenschlichen Kräften, mit denen sie alles auf die Reihe kriegen – und zwar alles gleichzeitig. Früher habe ich diese Menschen immer beneidet. Wie viel Zeit ich doch sparen würde, wenn ich zwei Dinge auf einmal erledigen könnte! Was mir damals nicht bewusst war: Wer zwei Dinge gleichzeitig tut, führt für gewöhnlich keines der beiden sorgfältig aus. Als ich dann anfing, als Organisationspsychologe zu arbeiten, kam ich hinter ein kleines Geheimnis: Allen vorherrschenden Annahmen zum Trotz erbringen Multitasker tendenziell die schwächste Arbeitsleistung.

Studien haben zwei erstaunliche Sachverhalte über Multitasking ans Licht gebracht: Erstens senkt es die Arbeitsleistung um sage und schreibe 40 Prozent.[8] Zweitens sind Multitasker am wenigsten erfolgreich.

Das menschliche Gehirn kann nur eine begrenzte Anzahl an Denkprozessen gleichzeitig bewältigen. Wenn Sie sich zu viel vornehmen, werden Sie am Ende mehrere Dinge schlecht anstatt eine Sache besonders gut gemacht haben.

Multitasking bedeutet nicht, mehrere Dinge parallel zu erledigen, sondern schnell von einer Aufgabe zur nächsten zu springen, ohne eine erfolgreich zu Ende zu bringen.[9] Und da Multitasker einer Sache wenig Aufmerksamkeit schenken oder ihnen der Wechsel von einer zur anderen nicht sauber gelingt, unterlaufen ihnen viele Fehler.[10]

Auf die Dauer verleitet Multitasking dazu, falsche Prioritäten zu setzen. Genau wie jene, die in die Dringlichkeitsfalle geraten sind, reagieren Multitasker stark auf die Dinge, die direkt vor ihnen liegen. So vernachlässigen sie die Arbeit, die nötig ist, um langfristige und in der Regel wichtigere Ziele zu erreichen. Je komplizierter die zu bewältigende Arbeit, desto schwerer wiegen die Schattenseiten von Multitasking.[11]

Wenn Multitasking unsere Arbeitsleistung beeinträchtigt, warum halten dann so viele daran fest? Wer Multitasking praktiziert, tut das oft weniger, weil er besonders gut darin ist, sondern weil es ihm schwerfällt, Störungen auszublenden und sich auf eine Aufgabe zu konzentrieren.[12] Das versuchen diese Menschen dann zu kompensieren, indem sie mehrere Dinge auf einmal tun. Glauben Sie ja nicht, dass Multitasker die produktiveren Arbeitnehmer sind und alle ihnen nacheifern sollten. Das ist Unsinn. Viele Dinge schlecht zu machen ist sicherlich kein Weg zu Produktivität.

Welche Aufgaben haben Sie?

Wie nutzen Sie Ihre Zeit am besten, wenn Ihr übervoller Kalender Sie gerade in zu viele Richtungen gleichzeitig zerrt? Der Schlüssel, um der Overearning-, Dringlichkeits- und der Multitaskingfalle zu entkommen, liegt darin, sich bewusst zu machen, worauf Sie Ihre Zeit verwenden – und sie dann auf Tätigkeiten zu verlagern, die Ihnen Spaß machen. Es gibt einen sehr einfachen Weg, uns vor Augen zu führen, wie wir unseren Tag verbringen. Statt sich zu fragen, welche Tätigkeiten Sie lieber lassen sollten, fragen Sie sich lieber: *Welche sollte ich beibehalten?*

Beginnen Sie damit, verschiedene Stapel anzulegen. So wie die Gegenstände in Ihrem Büro, das Sie mit Maries Unterstützung aufgeräumt haben, sollten Sie auch jede Ihrer Aufgaben «in die Hand nehmen», ihre Bedeutung fühlen und ihre Wichtigkeit verstehen. Schreiben Sie jede Ihrer regulären Aufgaben auf eine Karteikarte (oder in eine Tabelle, wenn Sie mehr der digitale Typ sind). Studien haben belegt, dass wir eine Sache sorgfältiger betrachten und bewerten, wenn wir sie auf Papier lesen.[13] Einen Aufgabenstapel anzulegen dient dem gleichen Zweck, wie Dinge in der Mitte des Zimmers zu versammeln: Der sortierte Stapel führt Ihnen vor Augen, was Sie warum tun.

Die meisten Menschen haben drei verschiedene Aufgabenstapel: Kernaufgaben, Projektaufgaben und Entwicklungsaufgaben.

1. **Kernaufgaben:** Hierbei handelt es sich um grundlegende, fortlaufende Tätigkeiten, die die Existenz Ihres Jobs rechtfertigen. Für eine Konzernmanagerin könnten Kernaufgaben u. a. die Budgetaufstellung oder die Planung und Leitung einer Zweigstelle oder eines Teams sein. Für einen Wissenschaftler zählen wohl die Versuchsplanung, die Datenauswertung und die Veröffentlichung von Forschungsergebnissen zu den Kernaufgaben. Und für einen Lehrer gehören sicherlich die Unterrichtsvorbereitung und die Korrektur von Klassenarbeiten dazu.
2. **Projektaufgaben:** Diese Art von Aufgaben haben einen konkreten zeitlichen Rahmen mit Anfang und Ende – beispielsweise die Planung eines Events, der Entwurf einer Broschüre oder die Markteinführung eines neuen Produkts.
3. **Entwicklungsaufgaben:** Diese Aufgaben helfen uns dabei, uns weiterzuentwickeln oder etwas Neues zu lernen. Zu dieser Gruppe zählen Fortbildungen, die Teilnahme an Konferenzen oder die Übernahme neuer Aufgabenbereiche. Entwicklungsaufgaben sollten Sie Ihrer Work-Life-Vision näherbringen.

Machen Sie sich keine Gedanken, wenn einige Aufgaben in mehr als einen der drei Bereiche fallen. Legen Sie sie auf den Stapel, der Ihnen am passendsten erscheint.

Was haben Sie herausgefunden? Wie verbringen Sie Ihre Zeit, und in welchem Verhältnis steht das zu dem, wie Sie sich Ihr ideales Arbeitsleben vorstellen? Wie hoch ist Ihr Stapel mit Entwicklungsaufgaben im Vergleich zu den anderen? Stellen Sie sich ausreichend Herausforderungen? Lernen Sie genug? Bitten Sie andere um Feedback? Wenn Sie sich gern besser vernetzen würden – bei wie vielen Ihrer Aufgaben arbeiten Sie mit anderen

Menschen zusammen? Sind das die Leute, mit denen Sie gern Zeit verbringen?

Bewerten Sie Ihre Aufgaben

Ihre Aufgabenstapel sind wie ein Spiegel – sie zeigen Ihnen, was Sie gerade tun. Wie fühlen Sie sich, wenn Sie sich im Spiegel betrachten?

Meiner Erfahrung nach sehen die meisten Menschen zwar Ansatzpunkte, wie sie ihrem idealen Arbeitsleben näherkommen können, doch ihnen fehlt schlicht der Mut für Veränderungen. Unterschätzen Sie weder sich selbst noch den positiven Einfluss, den selbst kleine Veränderungen auf Ihren Arbeitsalltag haben können.

Nachdem Sie Ihre Aufgaben den Stapeln zugeordnet haben, gehen Sie nun Stapel für Stapel durch, angefangen bei dem, der am einfachsten aufzuräumen ist. Das ist normalerweise der mit den Kernaufgaben, gefolgt von dem mit den Projektaufgaben und schließlich von dem mit den Entwicklungsaufgaben. Nehmen Sie jedes einzelne Aufgabenkärtchen in die Hand und fragen Sie sich:

Ist diese Aufgabe erforderlich, um meinen Job zu behalten und mich zu profilieren?

Wird mir die Erfüllung dieser Aufgabe helfen, eine freudvollere Zukunft zu gestalten? Weil ich durch sie z. B. eine Gehaltserhöhung oder Beförderung bekomme oder eine neue Fähigkeit erlernen kann?

Bereitet mir diese Aufgabe Freude und trägt sie zu mehr Zufriedenheit bei der Arbeit bei?

Streichen Sie Aufgaben, bei denen Sie keine der drei Fragen mit Ja beantworten.

Und wenn Sie zu viele Pflichten haben, die Sie nicht mit Freude erfüllen? Oder wenn Ihr Chef Ihnen nicht erlaubt, auch nur eine dieser Aufgaben wegzulassen, selbst wenn es für sie in Ihren Augen keine triftigen Gründe gibt? Manchmal bekommen wir gar nicht mit, wie sehr andere von unserer Arbeit profitieren. Das ist schade, denn wenn wir das täten, würden wir Arbeit als viel sinnstiftender empfinden.

Hier ist eine kleine Regel, die ich stets befolge: Machen Sie den Nutznießertest. Seien Sie ehrlich – liest irgendjemand Ihren Wochenbericht, oder hat er irgendeinen Einfluss auf Ihre Entscheidungen? Befragen Sie ruhig die Nutznießer Ihrer Aufgaben, um die Bedeutung Ihrer Arbeit besser einschätzen zu können. Vielleicht finden Sie heraus, dass es sehr wohl Menschen gibt, die Ihre Arbeit wertschätzen, und erkennen dadurch wieder mehr Sinn darin, die entsprechende Aufgabe zu erledigen.

Wenn Sie nach wie vor davon überzeugt sind, dass die Aufgabe überflüssig und sinnlos ist, dann sprechen Sie mit Ihrem Chef. Unterbreiten Sie ihm die Ergebnisse Ihres Nutznießertests. Vielleicht kann Ihr Chef anders als Sie den Wert Ihrer Arbeit erkennen? Dies ist eine weitere Möglichkeit, Sinn in Ihrer Arbeit zu entdecken, der Ihnen bisher verborgen geblieben ist, und Ihre Haltung dazu noch einmal zu überdenken.

Nachdem Sie den Nutznießertest angewandt haben, erörtern Sie in einem offenen Gespräch mit Ihrem Chef die Bedeutung der Aufgaben, die Sie gern streichen würden, und erinnern Sie ihn höflich an den Aufwand, der mit ihnen verbunden ist. Sollten alle Versuche scheitern, Ihren Chef zu überzeugen, ist er vielleicht einfach uneinsichtig. Wenn Sie nicht gewillt sind, Ihren Job zu wechseln, bleibt Ihnen wohl nichts anderes übrig, als sich damit abzufinden. Sosehr wir uns das alle manchmal wünschen – den Chef können wir nicht rausschmeißen!

Wenn Sie fertig sind, breiten Sie alle verbliebenen Aufgaben vor sich aus, um sie gleichzeitig betrachten zu können. Was sagen diese Aufgaben über Ihre Arbeit aus? Sie haben vielleicht einen Titel und eine Stellenbeschreibung, die Ihre Arbeit charakterisieren, aber das, was Sie wirklich tun, erzählt womöglich eine ganz andere Geschichte. Erfüllen die verbliebenen Aufgaben Sie alles in allem mit Freude, oder tragen sie zu einer Zukunft bei, die mehr Freude verspricht? Wenn Sie nach dem Aufräumen immer noch nicht das Gefühl haben, Ihrem idealen Arbeitsleben nähergekommen zu sein, dann habe ich im Folgenden noch ein paar Tipps für Sie, wie Sie Ihren Job besser gestalten können.

Sind Sie zufrieden mit Ihrem Aufgabenstapel, sollten Sie den Vorgang von Zeit zu Zeit wiederholen, um sicherzugehen, dass Sie weiterhin auf Ihr ideales Arbeitsleben hinarbeiten. Entscheiden Sie bei allen neuen Aufgaben sorgfältig, ob sie es wert sind, dass Sie sie übernehmen.

Tätigkeiten, die Spaß machen, haben oberste Priorität

Momentan macht mich meine Arbeit sehr glücklich, doch es hat eine Zeit gegeben, in der mein Terminkalender so voll war, dass ich körperlich und geistig an meine Grenzen stieß. Das war 2015, kurz nachdem ich vom *Time Magazine* unter die 100 einflussreichsten Menschen gewählt worden war und mit Anfragen aus aller Welt überschwemmt wurde.

Ich nahm an, was ich konnte, schließlich bot sich mir die großartige Chance, die KonMari-Methode mit anderen zu teilen. Doch ich war zeitgleich mit meinem ersten Kind schwanger, und der enorme Druck forderte seinen Tribut von Körper und Geist. An manchen Tagen hatte ich meine Gefühle nicht mehr unter Kontrolle und brach abends in Tränen aus.

Irgendwann wurde mir klar, dass ich so nicht weitermachen konnte. Von dem Moment an begann ich, meine Arbeitsweise zu verändern.
Mein Ziel ist es, die KonMari-Methode auf der ganzen Welt bekannt zu machen und so vielen Menschen wie möglich dabei zu helfen, durch Aufräumen ein glücklicheres Leben zu führen. Doch ich kann wohl kaum andere darin unterrichten, wie sie mehr Freude in ihr Leben bringen, wenn ich in meinem eigenen keine mehr empfinde.
Seit dieser Erkenntnis gebe ich Zeitfenstern für Freude in meinem Leben oberste Priorität, vor allem, wenn ich viel zu tun habe. Ich plane bewusst Zeit für Dinge ein, die mir Spaß machen oder die ich gern tun würde, wie z. B.:

- Zeit mit meiner Familie verbringen
- mein Haus mit Blumen schmücken
- eine beruhigende Tasse Tee genießen
- zur Massage gehen, wenn ich erschöpft bin.

Diese Aktivitäten helfen mir dabei, mein inneres Gleichgewicht wiederzufinden, sodass ich mich frisch und voll positiver Energie wieder der Arbeit zuwenden kann. In unserer hektischen Welt kommt bei vielen die Arbeit an erster Stelle – auf Kosten des Privatlebens, so, wie es bei mir der Fall war. Wenn das auch auf Sie zutrifft, lautet meine Botschaft an Sie: Machen Sie Ihre körperliche und emotionale Gesundheit zur obersten Priorität. Ein vollgestopfter Terminkalender und eine zu hohe Arbeitsbelastung führen zum Burnout. Wenn wir erschöpft sind, sind wir weder inspiriert noch kreativ, noch erzielen wir gute Arbeitsergebnisse. Selbst wer seinen Job liebt, wird unter diesen

Umständen mit der Zeit anfangen, ihn zu hassen, und es wird ihm schwerfallen weiterzumachen.
Der erste wichtige Schritt besteht darin, Zeit einzuplanen, in der man sich erholt und neue Kraft sammelt. Planen Sie diese so, dass Sie in der restlichen Zeit effizient arbeiten können. Langfristig gesehen steigern wir durch innere Ruhe und Freude bei der Arbeit unsere Leistungsfähigkeit.
M. K.

Sagen Sie nicht vorschnell ja

Haben Sie manchmal das Gefühl, Ihre Arbeit könnte so schön sein, wenn die Leute Sie einfach in Ruhe machen ließen? Mich persönlich hat dieses Gefühl sehr oft verfolgt. Als ich vom Juniorprofessor frisch von der Hochschule zum Stiftungsprofessor aufstieg (die höchste Auszeichnung an der Universität), wurde ich immer häufiger für verschiedene Tätigkeiten angefragt, die für meine Hauptaufgaben, die Forschung und die Lehre, keinerlei Bedeutung hatten – z. B. in Komitees mitzuwirken und an Veranstaltungen teilzunehmen. Als guter Kollege sagte ich fast immer zu. Es erschien mir richtig, und schließlich nahm jede Tätigkeit für sich genommen nicht viel Zeit in Anspruch. Doch in der Summe hielten sie mich davon ab, bei den Projekten voranzukommen, die mir wirklich am Herzen lagen.

Sicher gibt es oft gute Gründe, ja zu sagen – weil es uns Freude bereitet, helfen zu können, oder die Arbeit an sich Spaß macht. Einige Tätigkeiten bieten uns Gelegenheit, etwas zu lernen, unsere Karriere voranzutreiben oder ein kollegiales Miteinander zu pflegen. Andere wiederum, und das sind wahrscheinlich zu viele, erfüllen keinen unserer Wünsche.

Erst kürzlich bin ich über eine Studie gestolpert, die mir half, mich nicht mehr ständig einspannen zu lassen: Wir lassen uns deshalb so oft zu einem Ja hinreißen, weil wir uns schuldig fühlen, wenn wir eine Anfrage ablehnen. Vergessen Sie die Schuldgefühle! Sie arbeiten doch auch jetzt schon unglaublich viel (erinnern Sie sich, wie hoch Ihr Aufgabenstapel war!). Versuchen Sie es mit einem kleinen Trick: Erbitten Sie sich Bedenkzeit.

Angesichts des hohen sozialen Drucks, zu allem ja zu sagen – schließlich wollen wir als Teamplayer gelten –, ist es eine sehr effektive Methode, die Entscheidung hinauszuzögern, wenn zusätzliche Aufgaben an Sie herangetragen werden. Sagen Sie einfach: «Ich denke darüber nach und melde mich bei Ihnen.» Nehmen Sie sich dann ein wenig Zeit, um herauszufinden, ob diese Aufgabe Ihnen Freude machen wird. Wenn nicht, lehnen Sie höflich ab. Auch hier hilft uns die Wissenschaft: Studien haben gezeigt, dass wir, wenn wir unsere Entscheidung hinauszögern, für uns lästige Aufgaben eher ablehnen und stattdessen solche annehmen, die uns Freude bereiten.[14]

Gönnen Sie sich täglich eine Freude

Nun, da Sie sich von einigen Aufgaben befreit haben, steht Ihnen mehr Zeit für die Dinge zur Verfügung, die Ihnen Freude bereiten. Aus Studien wissen wir, dass sich die Arbeitszufriedenheit verbessert, wenn Menschen mehr Verantwortung übernehmen, freiwillig Kollegen helfen oder an einem Nebenprojekt mitarbeiten, auch wenn sie dafür keine formelle Erlaubnis haben.[15] Einige Chefs freuen sich über so viel Eigeninitiative. Bei manchen Unternehmen gehört es sogar zur offiziellen Firmenpolitik, dass die Angestellten einen Teil ihrer Arbeitszeit auf selbstgewählte Aufgaben verwenden dürfen, die ihnen Spaß machen. Wenn Sie einen sehr autoritären Chef haben und nur wenig Freiheiten, Ihre Arbeit zu gestalten, ist es natürlich eine größere Herausforderung, das umzusetzen. Doch am Ende werden sich Ihre Erfolgschancen erhöhen, wenn es Ihnen gelingt, Ihre Arbeit durch eine tägliche Freude zu bereichern.

Auch abseits vom Arbeitsplatz sollten Sie sich jeden Tag ein Vergnügen gönnen. Ich für meinen Teil lese z. B. gern eine gedruckte Tageszeitung. Bereits in dem Moment, in dem ich anfange, sie zu lesen, ist sie veraltet. Trotzdem genieße ich es, mich jenseits der digitalen Welt auf dem Laufenden zu halten.

Tragen Sie Auszeiten in Ihren Kalender ein

Es mag widersprüchlich klingen, doch um leistungsfähiger zu sein, brauchen Sie manchmal eine Auszeit – eine Stelle in Ihrem Kalender, die leer bleibt. Ja, Sie haben richtig gelesen: Studien belegen, dass man manchmal weniger arbeiten muss, um mehr zu erreichen.[16] Abgesehen davon, dass Sie Ihrem Gehirn Zeit geben, sich zu erholen, hilft eine kleine Auszeit neuen Ideen auf die Sprünge.[17]

Während wir scheinbar sinnlose Dinge tun, wie spazieren zu gehen oder gedankenverloren vor uns hin zu kritzeln, läuft unser Gehirn auf Hochtouren – auf einer unbewussten Ebene. Da wir uns in solchen Momenten nicht ständig bewerten, hat dieses unbewusste Denken am meisten kreatives Potenzial. Es kann neue Lösungsansätze oder Innovationen zutage fördern.[18] Keine Sorge, Sie arbeiten auch – und oft sogar mit mehr Köpfchen –, wenn Ihr Kalender nicht immer randvoll ist. Gönnen Sie sich eine Pause, erholen Sie sich, und lassen Sie Ihrer Phantasie freien Lauf!

Ich nehme mir täglich eine Auszeit zum Spazierengehen. Dabei schalte ich mein Handy meist auf Flugmodus, sodass ich ungestört von E-Mails, Anrufen oder anderen Ablenkungen für ein paar Minuten einfach nur meinen Gedanken nachhängen kann. Auf diesen Spaziergängen fühle ich mich frei von Selbstkritik und erlaube mir, Ideen nachzugehen, die ich sonst ängstlich beiseitegeschoben hätte.

Mir ist durchaus bewusst, dass nicht jeder die Möglichkeit hat, bei der Arbeit oder sogar außerhalb mal eben spazieren zu gehen. Finden Sie eine andere Auszeit, die Sie sich gönnen können. Die meisten Menschen haben zumindest die Möglichkeit, für ein paar Minuten am Schreibtisch die Augen zu schließen und vor sich hin zu träumen. Das entspannt. Und es ist ein Weg, sich bewusst zu machen, dass Sie sich Zeit zurückerobern können – egal wie beengend und chaotisch der Terminkalender (und die Arbeit) auch erscheinen mag. Selbst wenn es nur für einen kurzen Moment ist.

Ihre Aufgaben aufzuräumen wird Ihnen ein tiefergehendes Verständnis von sich und Ihren wahren Vorlieben geben. Doch Sie gewinnen dabei noch viel mehr als einen besseren Überblick darüber, womit Sie eigentlich Ihren Arbeitsalltag verbringen. Aufzuräumen bietet Ihnen die Chance, Ihr Arbeitsleben angenehmer und produktiver zu gestalten. Indem Sie Aufgaben streichen, die Ihnen keine Freude bereiten, und solche hinzufügen, die es tun, wird Ihre Arbeit wesentlich befriedigender werden.

KAPITEL 6 Entscheidungen strukturieren

Als alleinerziehende Mutter versuchte Lisa, eine Vollzeitstelle als Highschool-Lehrerin und ihre Nebenjobs als freiberufliche Künstlerin und Online-Kunstlehrerin unter einen Hut zu bringen. Obwohl sie all ihre Berufe liebte, war sie ausgelaugt von den vielen Entscheidungen, die sie tagtäglich treffen musste. Neben den für ihren Unterricht zentralen Fragen – Themen, die sie lehren, Aufgaben, die sie verteilen, und Regeln, die sie im Klassenraum durchsetzen musste – forderten Hunderte, wenn nicht Tausende alltägliche Entscheidungen ihre volle Konzentration. Bereits die Vorbereitung einer normalen Unterrichtsstunde barg unzählige Möglichkeiten: *Soll die Klasse praktisch arbeiten, ein Lehrvideo sehen, um neue Methoden zu lernen, oder soll sie mit Hilfe von Grafikprogrammen am Computer ihre Fähigkeiten vertiefen?* Während des Unterrichts kamen laufend neue Entscheidungssituationen hinzu: in Bezug auf die Beratung der Schüler, ihrer Bewertung oder wie sie mit den Aufmüpfigen unter ihnen umgehen sollte. Und auch in ihren Nebenjobs warteten Berge von Entscheidungen auf sie: Was fertige ich an, wie entwerfe ich es, wie entspricht mein Entwurf am besten den Kundenwünschen, und wie baue ich meine Social-Media-Präsenz aus, um mehr Follower zu generieren? *Ständig muss ich entscheiden, was ich als Nächstes tun soll,* dachte sie.

Lisa war erschöpft und schlecht gelaunt – nicht nur bei der Arbeit, sondern auch zu Hause, wenn sie sich um ihren neunjährigen Sohn kümmerte. «Sich ständig entscheiden zu müssen ist so anstrengend, dass ich mich an manche Dinge gar nicht erinnere ... Ich habe Schwierigkeiten, zusammenhängend zu denken, und vergesse manchmal sogar ganze Wörter.»

Eines Montagmorgens stand sie schließlich ohne Unterrichtsvorbereitung vor ihrer Klasse, weil sie die Entscheidung darüber so lange hinausgezögert hatte, bis es zu spät war. Da wurde ihr klar, wie schlimm es um sie stand. *Jetzt hast du alles vermasselt, Lisa! Du hast als Lehrerin versagt!*, schimpfte sie mit sich selbst. Ausgebrannt von den vielen Entscheidungen, die ihre Jobs forderten, hatte sie auch ihr aufstrebendes Online-Business vernachlässigt.

Egal, welcher Arbeit Sie nachgehen – ob als Konzernchefin oder Berufseinsteiger –, Sie müssen täglich Tausende Entscheidungen treffen.[1] Einige Wissenschaftler schätzen die Zahl auf mehr als *35 000*!

Viele unserer Entscheidungen sind vergleichsweise unbedeutend: Solche meist kleinen Entscheidungen sind mit einem geringen mentalen Aufwand verbunden und werden von uns kaum wahrgenommen. Wenn wir über jede einzelne bewusst nachdenken müssten, wären wir vollkommen überfordert: Welcher ist der schnellste Weg zu unserem Schreibtisch, welchen Stift benutze ich heute, wie beantworte ich eine Standardfrage per Mail? Aus diesem Grund konnten sich Befragte in einer Erhebung trotz der Tausende Entscheidungen, die wir täglich treffen, im Schnitt nur an 70 von ihnen erinnern.[2]

Andere Entscheidungen sind folgenschwerer und erfordern all unsere Aufmerksamkeit. Vor diesen großen, risikoreichen Entscheidungen stehen wir nicht oft, doch wenn wir es tun, verwenden wir darauf eine beträchtliche Menge mentaler und emotionaler Energie. Sie erfordern relativ viele Ressourcen. Wenn Sie im Marketing arbeiten, bedeutet das beispielsweise zu entscheiden, welche Produkte und Dienstleistungen angeboten werden sollen, wann und wie Sie einen Imagewechsel vornehmen und wie Sie die Produkte auf dem Markt positionieren. Wenn Sie Unternehmerin sind, gehört dazu festzulegen, ob Sie expandieren, neue Mitarbeiter einstellen, eine Kapitalerhöhung vornehmen oder Ihr Unternehmen verkaufen, und als IT-Fachmann müssen Sie beispielsweise entscheiden, ob Sie Ihr Unternehmen umfassend mit neuer Technik ausstatten.

Schließlich gibt es noch mittelschwere Entscheidungen, die mehr Nachdenken erfordern als die kleinen und vor denen wir häufiger stehen als vor den großen Entscheidungen. Es sind die vergessenen bzw. vernachlässigten Entscheidungen unseres Arbeitslebens. Mittelschwere Entscheidungen sind nicht so leicht zu fällen wie kleine, weshalb wir sie gern auf die lange Bank schieben. Da sie außerdem nicht so wichtig sind wie große, geraten sie leicht in Vergessenheit. Daher stand Lisa auch vor ihren Schülern, ohne den Unterricht vorbereitet zu haben: Sich für einen Unterrichtsplan zu entscheiden ist eine mittelschwere Entscheidung. Sie zu treffen ist Lisa am Vortag schwergefallen, und dann hat sie sie letztlich verdrängt – bis sie das Klassenzimmer betrat.

Im Allgemeinen geht es bei mittelschweren Entscheidungen im Berufsleben darum, aktuelle Arbeitsaufträge umzusetzen oder Prozesse zu optimieren: Wem gebe ich ein Update über das laufende Projekt, wie verbessere ich einen Arbeitsprozess, und wie messe ich Erfolg? Wenn Sie im Marketing arbeiten, müssen Sie beispielsweise entscheiden, welche Art von Marktanalyse Sie anwenden, wann Sie den Preis eines Produktes anpassen, welche Werbemittel in Frage kommen und wie Sie ihre Wirkung messen. Als Unternehmerin stehen Sie vor mittelschweren Entscheidungen, wenn Sie über die Verbesserung eines Produkts oder einer Dienstleistung befinden oder überlegen, an welchen Konferenzen Sie teilnehmen. Und IT-Fachkräfte müssen derartige Entscheidungen treffen, wenn sie z. B. die Software auf den neuesten Stand bringen.

Oberflächlich betrachtet unterscheidet sich das Aufräumen von Entscheidungen erheblich vom Aufräumen unseres physischen Arbeitsplatzes. Ob ich nun meinen Lieblingstacker behalte oder nicht, scheint Lichtjahre entfernt zu sein von der Entscheidung, wie wir mit einem Kunden umgehen oder mit einem Mitarbeiter zusammenarbeiten. Doch im Grunde handelt es sich um die gleichen Prozesse. Fragen Sie sich zunächst: *Was lohnt sich zu behalten?* Oder konkreter auf diese Kategorie bezogen: *Welche Entscheidungen sind meine Zeit und meine Energie wert?*

Wenn Sie Ihre vielen unterschiedlichen Entscheidungen auf der Arbeit prüfen, gehen Sie in einfachen Schritten vor: Vergessen Sie die kleinen Entscheidungen, sortieren und ordnen Sie die mittelschweren, und sammeln Sie mentale Energie für die großen.

Die meisten kleinen Entscheidungen sind den Aufwand nicht wert

Fangen Sie mit den kleinen Entscheidungen an. Bedenken Sie, dass ihre Gewichtung von Ihrem Job und Ihrer Position im Unternehmen abhängt. Stehen Sie noch ganz am Anfang Ihrer Karriere, so kann eine in den Augen eines Abteilungsleiters unwichtige Entscheidung für Sie selbst eine viel größere Bedeutung haben. Gut möglich, dass Sie sich an viele dieser kleinen Entscheidungen nicht erinnern, weil sie automatisch getroffen werden und Ihr Gehirn nicht wirklich beanspruchen. Das ist großartig. Lassen Sie sie auf Autopilot laufen.

Von denen, die Sie bewusst treffen, sind wahrscheinlich nur wenige Ihre Zeit wert. Machen Sie sich z. B. Gedanken darüber,

- welches Druckerpapier Sie verwenden,
- ob Sie in einer Präsentation ein Kurven- oder ein Säulendiagramm einfügen,
- welche Schriftart Sie für Ihren Bericht nehmen?

Wenn Sie der Ansicht sind, dass es keinen großen Unterschied macht, wofür Sie sich am Ende entscheiden, dann vergeuden Sie nicht zu viel Zeit mit Nachdenken. Ich weiß, das ist in solchen Momenten nicht leicht, und auch ich habe schon viel zu viel über im Grunde unwichtige Dinge nachgegrübelt – in welchem Hotel ich während einer Dienstreise unterkomme, welche Schrift ich für meine Unterrichtsmaterialien verwende und welches Geschirr ich für die Teilnehmer einer Konferenz organisiere.

Dabei lassen sich solche kleinen Entscheidungen oft automatisieren. Hier einige meiner Lieblingsbeispiele:

- Richten Sie für Dinge, die Sie regelmäßig benötigen, bei Onlinehändlern eine automatische Nachbestellung ein.
- Setzen Sie Entscheidungsregeln auf, wie z. B. «niemals Meetings am Freitagvormittag».
- Erstellen Sie sich eine E-Mail-Signatur, sodass Ihre E-Mails automatisch mit «Mit freundlichen Grüßen» oder «Vielen Dank» beendet werden, gefolgt von Ihrem Namen.

Automatisierte Entscheidungsprozesse können Sie ganz auf Ihre Bedürfnisse und Interessen zuschneiden. Der ehemalige Apple-Chef Steve Jobs automatisierte seine Kleidung – er trug jeden Tag das gleiche Rollkragenpullover-Modell. Der Effizienz-Guru und Autor Tim Ferriss isst jeden Tag das Gleiche zum Frühstück.[3]

Indem Sie sich durch die kleinen Entscheidungen im Leben nicht ins Schwitzen bringen lassen, haben Sie mehr Zeit und Energie für die großen.

Welche mittelschweren und großen Entscheidungen müssen Sie treffen?

Sammeln Sie zunächst alle mittelschweren und großen Entscheidungen, die Sie gerade beschäftigen oder die Sie bald treffen müssen. Normalerweise fallen einem die großen sofort ein, die meisten Menschen werden nur eine Handvoll davon haben. Als er zu Apple zurückkehrte, entschied sich Steve Jobs, den gesamten Aufsichtsrat auszuwechseln. Wenig später brachte er ein Handy ohne Tasten auf den Markt: das iPhone. Für eine mittlere Führungskraft könnte zum Stapel der großen Entscheidungen die Frage gehören, wie sie unternehmensweit Veränderungen durchsetzt und wen sie in das Team aufnimmt. Für Berufseinsteiger ist die Auswahl eines vertrauenswürdigen Mentors wahrscheinlich eine große Entscheidung.

Mittelschwere Entscheidungen sind das, was dazwischen übrigbleibt. Sie können sie identifizieren, indem Sie sich überlegen, welche Entscheidungen Ihre Arbeit positiv beeinflussen würden, z. B. indem sie Prozesse verbessern, Produkte oder Dienstleistungen modernisieren, Probleme lösen und zu einer besseren Kommunikation führen.

Fassen Sie jede mittelschwere und große Entscheidung in knappen Worten auf einer Karteikarte zusammen (wie schon beim Aufräumen Ihrer Termine können Sie auch hier eine Tabelle verwenden). Bei den allermeisten von uns entsteht ein Stapel von etwa 20 Entscheidungen – eine überschaubare Anzahl.

Bewerten Sie Ihre Entscheidungen

Nachdem Sie all Ihre Entscheidungen auf einen Stapel gelegt haben, beschriften Sie jede große Entscheidung mit einem «G». Noch einmal: Hierbei handelt es sich um Entscheidungen, die einen erheblichen Einfluss auf

Ihre Arbeit oder Ihr Leben haben werden und die all Ihre Zeit und Energie beanspruchen. Legen Sie den Stapel zur Seite und bewahren Sie ihn auf.

Bleiben die mittelschweren Entscheidungen. Nun müssen Sie sich darüber klar werden, welche Sie wirklich behalten wollen. Nehmen Sie jede Karteikarte in die Hand, und halten Sie sich an folgende einfache Regel: **Behalten Sie die Entscheidung, wenn sie wichtig für Ihre Arbeit ist, wenn Sie Ihnen dabei hilft, Ihrer idealen Work-Life-Vision näherzukommen, oder wenn Sie Ihnen Freude bereitet!**

Der nächste Schritt besteht darin, dass Sie sich überlegen, was Sie mit den Entscheidungen machen, die Sie beibehalten wollen. Fragen Sie sich bei jeder einzelnen:

Gibt es eine andere Person, die von der Entscheidung stärker betroffen ist und sie deshalb eher treffen sollte?

Wer hat das beste Urteilsvermögen und die besten Informationen, um die Entscheidung zu treffen?

Kann ich jemand anderen mit der Entscheidung betrauen?

Wie oft muss die Entscheidung getroffen werden?

Kann die Entscheidung automatisiert und nur gelegentlich überprüft werden?

Wenn Sie finden, jemand anders sollte die Entscheidung treffen, delegieren Sie sie nach Möglichkeit (markieren Sie die Karte mit einem «D», und schreiben Sie den Namen der Person dazu, die sie übernehmen soll). Es mag manchmal schwierig sein, Entscheidungen an jemanden auf derselben oder einer höheren Hierarchieebene abzugeben, aber es ist nicht unmöglich. Versuchen Sie es mal, indem Sie die andere Person höflich fragen und ihr darlegen, warum sie besser geeignet ist als Sie selbst. Noch mehr Chancen haben Sie, wenn Sie sich bereit erklären, im Gegenzug eine ihrer Entscheidungen zu übernehmen. So oder so: Wägen Sie im Vorfeld ab, ob es den Aufwand wert ist.

Muss die Entscheidung weder von Ihnen noch von einer anderen Person aktiv getroffen werden, dann automatisieren Sie sie (beschriften Sie die Karte mit einem «A» und notieren Sie den Zeitpunkt, wann Sie die Automatisierung umsetzen).

Wenn Sie dann vor neuen Entscheidungen stehen, werden Sie merken, dass Sie genug Erfahrung und Selbstvertrauen haben, auch hier Ordnung zu schaffen. Konzentrieren Sie sich auf die großen und die wichtigsten der mittelschweren Entscheidungen. Seien Sie wählerisch, wofür Sie Zeit und Energie aufbringen.

Vielleicht fällt Ihnen auf, dass eine Entscheidung, die Sie für wichtig gehalten haben, gar nicht oder von jemand anders getroffen werden sollte. Ein guter Entscheidungsträger zu sein bedeutet auch, zu erkennen, wann man die Entscheidung anderen überlassen sollte!

Nachdem ich von Lisas schwieriger Lage erfahren hatte, suchten wir gemeinsam nach Wegen, ihre Entscheidungen besser zu strukturieren. Genau wie beim Sortieren von Kleidung half es Lisa, ihre großen und mittelschweren Entscheidungen an einem Ort zu sammeln, um das Ausmaß ihres Problems zu erkennen: ihre ständige Überforderung, weil sie einfach zu viele Entscheidungen treffen musste.

Als sie in der folgenden Woche ihre Entscheidungsstapel durchging, fiel ihr auf, dass sie einige Entscheidungen immer wieder aufs Neue treffen musste. Dazu gehörten vor allem solche, die das Verhalten ihrer Schüler im

Klassenzimmer betrafen, und Antworten auf Fragen, die auf ihrem beruflichen Instagram-Account eingingen.

Am Ende konnte Lisa 9 Prozent der Entscheidungen aus ihrem Stapel komplett streichen und 40 Prozent an andere delegieren oder automatisieren. Inzwischen beginnt sie ihren Tag z. B. immer gleich: Während die Schüler noch an den Aufgaben vom Vortag sitzen, führt sie ungestört die Anwesenheitsliste. Außerdem animiert sie ihre Schüler dazu, eine aktivere Rolle bei der Bewertung ihrer Arbeiten einzunehmen, wodurch sie selbst weniger Entscheidungen treffen muss.

Außerdem beschloss Lisa, jeden Morgen einen Beitrag auf Instagram zu posten und zweimal am Tag Kommentare zu beantworten.

Nachdem sie das gröbste Entscheidungschaos beseitigt hatte, blieben vor allem diejenigen Fragen übrig, die viel Kreativität erforderten – welche Form von Kunst sie schaffen will, welche längerfristigen Geschäftsentscheidungen sie treffen muss und wie ihre Online-Kurse zukünftig aussehen sollen. Das war die Art von Entscheidungen, die ihr Spaß machte.

Als ich Lisa nach einer Weile erneut kontaktierte, waren die Auswirkungen ihrer Aufräumaktion deutlich spürbar. «Ich habe wieder ein besseres Gefühl dafür, was alles möglich ist ... Kaum zu glauben, wie viel mehr Klarheit mir das gegeben hat.»

Schließlich hatte sie die Zeit, den Mut und die Kompetenz, eine sehr große Entscheidung zu treffen: Sie beschloss, den Lehrerberuf an den Nagel zu hängen und sich ganz auf ihre Selbständigkeit zu konzentrieren. Schon bald hatte sich ihr Einkommen nahezu verdreifacht. Doch die größte Veränderung war ihre neuentdeckte Liebe zur Arbeit und zum Leben: «Das ist der Anfang von etwas wirklich Großem», schrieb sie mir. «Das Glücksgefühl hört gar nicht mehr auf ... Ich sprühe vor Kreativität! Das wäre sicher nicht passiert, wenn ich meine Entscheidungen nicht strukturiert hätte ... So bin ich viel produktiver und glücklicher.» Und die Veränderung ging noch über ihre Arbeit hinaus: Die Beziehung zu ihrem Sohn wurde wesentlich besser, im Monat nach ihrem Aufräummarathon nahm sie sieben Kilo ab und gewann ihren Optimismus zurück.

Mehr Optionen sind nicht zwangsläufig besser

Sehen wir uns nun etwas genauer an, wie wir eigentlich Entscheidungen treffen. Es ist durchaus nachvollziehbar, anzunehmen, dass wir umso besser dran sind, je mehr Auswahlmöglichkeiten wir haben. Suchen Sie einen neuen Lieferanten oder Anbieter, denken Sie wahrscheinlich, je mehr Sie sich ansehen, desto besser. Wenn Sie derzeit überlegen, wie Sie in Ihre Rentenvorsorge investieren, vergleichen Sie so viele Investmentfonds wie möglich. Und wenn Sie den idealen Job für sich suchen, möchten Sie ebenfalls unter möglichst vielen auswählen können.

Es stimmt tatsächlich: Eine große Auswahl zu haben kann eine gute Sache sein – doch nur bis zu einem gewissen Punkt. Bei manchen Entscheidungen sind wir irgendwann so überfordert von den vielen Möglichkeiten, dass wir schlechtere Entscheidungen treffen und letztlich unzufriedener mit der Wahl sind.[4] Was ist mit den Optionen, die wir ausgeschlagen haben? Der Job, den wir nicht angenommen, das Projekt, das wir so und nicht anders umgesetzt haben, den Markt, den wir statt eines anderen hätten erschließen können, oder dem Mentor, gegen den wir uns entschieden haben? Unser Verstand ist unglaublich gut darin, uns zu überzeugen, dass wir eine bessere Wahl hätten treffen können. Egal, wofür wir uns letztlich entschieden haben.

Zwischen mehr als fünf Optionen entscheiden zu müssen bereitet uns eine Menge Kopfzerbrechen. Wenn jemand eine Entscheidung von Ihnen verlangt, bitten Sie ihn daher um maximal fünf Wahlmöglichkeiten. Wenn Sie allein vor der Entscheidung stehen, fragen Sie Kollegen um Rat, um Ihre Entscheidung auf die aussichtsreichsten einzugrenzen, und treffen

Sie anschließend Ihre Entscheidung. Erfahrungsgemäß bedauern Sie es im Nachhinein dann weniger, eine Option ausgeschlagen zu haben.

Die Wissenschaft hält noch ein paar weitere Tipps bereit, wie wir uns besser entscheiden können:[5]

- Wenn Sie sich zwischen sehr ähnlichen Dingen entscheiden müssen, machen Sie sich erstens bewusst, dass es mehr als eine gute Entscheidung gibt, und wählen Sie einfach eine Sache aus.
- Stellen Sie zweitens ein Ranking der Möglichkeiten auf, beispielsweise vom höchsten zum geringsten Preis oder Risiko.
- Finden Sie drittens heraus, was Sie wollen. Wenn Sie das nicht wissen, kann es sehr anstrengend sein, sich durch eine große Auswahl durcharbeiten zu müssen.

Stellen Sie sich vor, Sie sind auf Arbeitssuche. Wenn Sie von vornherein wissen, dass Ihnen Aufstiegsmöglichkeiten, eine kurze Entfernung zur Arbeit und viele Freiheiten wichtig sind, ist es gut, unter mehreren Jobs auswählen zu können, die diesen Prioritäten entsprechen. Prüfen Sie dann, welches der verfügbaren Angebote am meisten Ihren Wünschen (nach Aufstieg, kurzer Entfernung und Freiheiten) entspricht. Sind Sie sich über Ihre Vorlieben nicht im Klaren, können zu viele Optionen hingegen überfordern.[6]

«Gut genug» ist meist gut genug

Ich rate Ihnen, sich von dem Wunsch zu befreien, immer die perfekte Entscheidung treffen zu wollen. Manchmal wird es Ihnen gelingen, die beste Entscheidung zu treffen, häufig jedoch auch nicht. Dann muss man oft schwer schlucken, aber es ist trotzdem völlig in Ordnung. In den meisten Fällen ist eine Entscheidung, die gut genug ist, nämlich eben genau das:

gut genug. Perfektion ist oft gar nicht nötig, zumal man einen hohen Preis dafür zahlt: Man verliert viel Zeit, die man besser in andere Tätigkeiten investiert hätte, und ist am Ende frustriert und enttäuscht, wenn sich die Entscheidung letztlich doch nicht als perfekt herausstellt.

Bevor Sie eine Entscheidung treffen, fragen Sie sich selbst, welches Ergebnis Sie mit Freude erfüllen würde. Es hat keinen Sinn, nach der perfekten Entscheidung zu suchen, wenn eine, die gut genug ist, Sie bereits glücklich macht. Hinzu kommt: Alles ist ständig im Wandel, und jede unserer Entscheidungen kann vorübergehender Natur sein. Wenn Sie bei der Suche nach der perfekten Lösung zu viel Aufwand betreiben, werden Sie zu lange an ihr festhalten, auch wenn sie inzwischen überholt ist.[7] Deshalb ist «gut genug» oft sogar besser als perfekt.

Um Ihren Perfektionismus im Zaum zu halten, setzen Sie sich eine Deadline für Ihre Entscheidung. Exzessive Grübeleien und Diskussionen sind meist die Zeit und den Aufwand nicht wert. Bleiben Sie offen dafür, Ihre Entscheidung zu überdenken, wenn neue Erkenntnisse es nahelegen. Und rufen Sie sich stets in Erinnerung, dass die Konsequenzen der meisten Entscheidungen viel kleiner sind als erwartet.

Wenn Sie sich daranmachen, Ordnung in Ihre Entscheidungen zu bringen, konzentrieren Sie sich auf diejenigen, die Ihre Arbeit und Ihr Leben am meisten beeinflussen. Finden Sie heraus, welche Ihre Zeit und Ihre Energie verdienen und welche gestrichen, an andere delegiert oder automatisiert werden können. Indem Sie sich von den schier unbegrenzten Entscheidungsmöglichkeiten befreien, besinnen Sie sich auf Ihre tatsächlichen Ziele. Wenn Sie dann vor den wirklich wichtigen Entscheidungen stehen, können Sie alle Zeit und Energie dafür aufwenden und werden zufriedener mit dem Resultat sein, egal, wofür Sie sich am Ende entschieden haben.

KAPITEL 7 Netzwerke entrümpeln

Instagram ist eine bedeutende Social-Media-Plattform für Künstler. Lianne, eine britische Malerin und Illustratorin, hatte dort beeindruckende 15 000 Follower. So aufregend es schien, forderte es doch auch seinen Tribut, mit so vielen Followern in Kontakt zu bleiben. Die Vielzahl der unwichtigen Nachrichten machte es für Lianne zunehmend schwerer, auf die wirklich wichtigen zu reagieren: interessierte Käufer. Es gab auch mehr als genug Trolle, die unverschämte Kommentare abgaben, von denen manche einfach nur dumm, andere aber regelrecht beleidigend waren. Als sie sich häuften, fühlte sich Lianne durch diese zeitraubenden und emotional anstrengenden Aspekte ihres Netzwerks immer ausgelaugter.

Sie verbrachte so viel Zeit auf Social Media, dass sie ihre Arbeit und ihr Privatleben vernachlässigte. «Ich bin Mutter, und ich bin Künstlerin», erzählte sie mir stolz. «Ich kann keine Zeit damit vergeuden, zehnmal am Tag zu tweeten.» In Wahrheit verbrachte Lianne jedoch mehr Zeit auf Instagram als mit ihrer Kunst.

Sie beschloss, etwas Mutiges zu tun.

Lianne löschte ihren Instagram-Account, ließ all ihre Follower fallen. «In unserer heutigen Gesellschaft wollen die Menschen immer mehr Follower, aber das ist nicht mein Ziel», erklärte sie. Ihr großes Netzwerk half ihr wenig dabei, ihre Kunst zu verkaufen. «Wenn du versuchst, mit Kunst dein Geld zu verdienen, dann sind fünf leidenschaftliche Follower, die Kunst kaufen, besser, als 15 000 Follower, die nur flüchtig an Kunst interessiert sind und dir unverschämte Nachrichten schicken.» Der Neuanfang ganz ohne Follower ermöglichte es Lianne, wählerischer zu sein und nur mit Menschen in Kontakt zu treten, die ihre Arbeit wirklich wertschätzten.

Viele sehen Networking, ob persönlich oder online, als Methode, möglichst viele Kontakte zu gewinnen: Telefonkontakte, Facebook-Freunde, Instagram-Follower, LinkedIn-Kontakte oder Twitter-Follower. Die entsprechenden Kennzahlen sind leicht einsehbar, und wenn sie ansteigen, fühlen wir uns gut. Wir können unsere Zahlen mit denen unserer Kollegen und Freunde vergleichen und glauben dabei irrtümlicherweise, dass mehr Kontakte uns wichtiger machen. Oder beliebter. Oder erfolgreicher. Glauben Sie mir: Ein großes Netzwerk zu haben bedeutet nur eins – ein großes Netzwerk zu haben!

Wie groß muss Ihr Netzwerk wirklich sein?

Mit einem großen Netzwerk steigen die Chancen, dass Sie vom Wissen anderer profitieren können, z. B. weil jemand von einer nicht inserierten freien Stelle weiß oder die Antwort auf eine schwierige Frage kennt. Das ist der Grund, warum Menschen so viel Zeit in den Ausbau ihres Netzwerks investieren. Menschen, denen Sie nahestehen – ob in beruflicher oder sozialer Hinsicht –, lassen Sie bereits an ihrem Wissen teilhaben. Doch bei den meisten Kontakten in einem großen Netzwerk handelt es sich um Leute, mit denen Sie selten interagieren; von ihnen können Sie noch mehr erfahren. Allerdings macht es einen großen Unterschied, ob Sie ein Netzwerk mit wichtigen Kontakten haben oder ein Netzwerk mit wichtigen Kontakten, *die bereit sind zu helfen.*

Karen, eine Start-up-Investorin und ehemalige technische Leiterin, versuchte es zunächst mit der üblichen Networking-Methode: Sie traf sich mit so vielen Leuten wie möglich. «Ich habe fast ein ganzes Jahr damit verbracht, zu Konferenzen zu gehen und viele Leute zu treffen», erzählte sie mir. «Rückblickend betrachtet waren das nicht gerade die authentischsten Erlebnisse und aufrichtigsten Zusammentreffen. Es war ein reines Zahlenspiel.» Sie empfand es als strapaziös und letztlich als Zeitverschwendung.

Nachdem sie über die enttäuschenden Networking-Events nachgedacht hatte, schwor sie sich, etwas zu ändern. Karen versuchte nicht länger, ihre Fühler in alle Richtungen auszustrecken, sondern begann, mit einer kleineren Anzahl von Menschen tiefere Bindungen aufzubauen.

Diese Herangehensweise wurde schnell auf die Probe gestellt, als sie eine potenzielle Investition in ein Unternehmen bewerten musste und eine Reihe technischer Fragen hatte, auf die sie schnellstmöglich eine Antwort brauchte. Ihr Netzwerk war zwar klein, schloss jedoch eine Frau mit ein, die ihr möglicherweise helfen konnte. Karen wandte sich an sie und erhielt innerhalb weniger Stunden eine detaillierte Antwort. «Ich hätte Wochen für die Recherche gebraucht», erklärte Karen. Da sie bereits eine gute Beziehung zu ihrem Kontakt aufgebaut hatte, bekam sie von ihr fast sofort die notwendige Unterstützung. Wenige Tage später schickte sie der Frau, die ihr geholfen hatte, einen handgeschriebenen Dankesbrief.

Ein verkleinertes Netzwerk bietet Karen noch weitere Vorteile. «Ich habe viel weniger Angst davor, zu Networking-Events zu gehen ... Das hat eine Menge kognitiven Freiraum geschaffen», sagt sie.

Große Netzwerke erschweren es, bedeutungsvolle Beziehungen zu knüpfen.[1] Studien haben ergeben, dass Menschen rund 150 wichtige Kontakte halbwegs pflegen können.[2] Ist die Zahl der Personen eines Netzwerks größer, ist es schwierig, die Einzelnen wirklich zu kennen. Versuchen Sie es mit einer einfachen Übung: Wenn Sie an all Ihre Kontakte und «Freunde» denken, können Sie sich dann die Gesichter von jedem einzelnen von ihnen vor Augen rufen? Wecken sie alle Freude in Ihnen? Wahrscheinlich nicht.

Selbst wenn man ein großes Netzwerk hat, interagiert man meist nur mit einem kleinen Teil davon.[3] Viele der «Freunde» in unserem Netzwerk haben wenig Interesse daran, eine ernsthafte Verbindung zu uns herzustellen, und wenden sich nur an uns, wenn sie einen Gefallen brauchen. Christina, die in Kapitel 5 lernte, ihre Zeit richtig einzuteilen, fand dies auf die harte Tour heraus: Die BWL-Absolventin glaubte, sie könnte vom großen, angesehenen Alumni-Netzwerk der Harvard-Universität profitieren. Im Lauf der Zeit stellte sie allerdings fest, dass sich daraus nur wenige wichtige Kontakte ergaben, sie selbst jedoch mit Anfragen überhäuft wurde. «Ich gelangte an einen Punkt, wo mir in einem Zeitraum von zwei Wochen zehn verschiedene Leute eine Mail schickten, in der sie mich um Ideen baten», erklärte sie. «Das waren weder meine Freunde noch Menschen, die auf irgendeine andere Weise eine Beziehung zu mir gepflegt hatten.» Ihre Bereitschaft, diese Bitten zu erfüllen, beeinträchtigte ihr eigenes Vorankommen und ließ sie mit dem Gefühl zurück, ausgebrannt zu sein.

Ihr Netzwerk zu vergrößern ist nicht nur zeitaufwändig, sondern im Fall von Online-Networking auch potenziell schädlich für Ihr psychisches Wohlergehen. Forschungen haben Folgendes gezeigt: Je mehr Zeit wir auf Social Media verbringen, desto unglücklicher sind wir.[4] Das liegt daran, dass Menschen dort normalerweise nur gute Nachrichten teilen und nur ganz selten auch schlechte. Wie viele LinkedIn-Nachrichten haben Sie bekommen, in denen es hieß: «Ich bin gerade gefeuert worden» oder «Ich habe heute bei der Arbeit großen Mist gebaut»? Hören Sie auf, sich mit der Online-Persönlichkeit anderer Menschen zu vergleichen. Fragen Sie sich stattdessen, welche Fortschritte Sie auf dem Weg zu *Ihrem* idealen Arbeitsleben machen. Das ist der einzige Vergleich, der zählt.

So räumt Marie ihre Netzwerke auf

Zu den wichtigsten Punkten beim Aufbau eines erfreulichen Netzwerks gehört es, zu wissen, welche Art von Kontakten Sie gern haben. Einige Menschen lieben es z. B., von vielen Freunden umgeben zu sein und zusammen Spaß zu haben. Andere ziehen es vor, mit nur wenigen Menschen tiefere Beziehungen einzugehen. Ich falle in letztere Kategorie. Kontakte zu pflegen ist nicht meine Stärke, daher fühle ich mich wohler mit weniger Beziehungen.

Doch als ich meine Firma verließ und begann, als selbständige Beraterin zu arbeiten, verwendete ich meine Energie darauf, Verbindungen zu so vielen Leuten wie möglich aufzunehmen, weil ich mein Unternehmen bekannt machen wollte. Ich besuchte Seminare und Versammlungen für Menschen aus verschiedenen Branchen und tauschte viele Visitenkarten aus. Nach und nach fiel mir jedoch auf, dass etwas nicht stimmte.

Je mehr Leute ich kannte, desto öfter wurde ich zu Events und Partys eingeladen, und umso voller wurde mein Terminkalender. Ich hatte keine Zeit mehr, das zu tun, was ich wirklich tun wollte. Ich erhielt so viele E-Mails, dass ich große Mühe hatte, sie alle zu beantworten. Wenn ich die Namen in meinem Notebook betrachtete, stellte ich fest, dass die Zahl der Menschen, an deren Gesicht ich mich nicht erinnern konnte, stetig zunahm. Ich fühlte mich angesichts der Masse von Informationen nicht wohl und fragte mich, ob es nicht ziemlich unehrlich war, den Kontakt zu Menschen zu halten, an die ich mich nicht einmal mehr genau erinnern konnte. Je größer die Zahl meiner Kontakte wurde, desto unwohler fühlte ich mich. Und so beschloss ich, mein Netzwerk noch einmal neu aufzubauen.

Unter Verwendung der KonMari-Methode betrachtete ich alle Namen und behielt nur die, die Freude in mir hervorriefen. Die Zahl der Namen in meinem Adressbuch und meinen Apps nahm drastisch ab, und am Ende blieben, abgesehen von meiner Familie und von Kontakten, die für meine Arbeit unentbehrlich waren, nur noch zehn Leute übrig. Ehrlich gesagt war ich sprachlos, wie viele Namen ich aussortiert hatte, doch mein Herz fühlte sich danach viel leichter an. Ich war nun in der Lage, die Beziehungen zu pflegen, für die ich mich bewusst entschieden hatte.

Da ich jetzt über mehr Zeit und größeren gedanklichen Freiraum verfügte, konnte ich mich öfter bei meiner Familie melden und meinen Freunden selbst für kleine Dinge aufrichtig danken. Ich empfand auch viel mehr Dankbarkeit für diese wertvollen Menschen, mit denen in Kontakt zu bleiben ich beschlossen hatte.

Seit ich mein Netzwerk entrümpelt habe, habe ich es mir zur Gewohnheit gemacht, regelmäßig meine Beziehungen zu überprüfen und dankbar für sie zu sein. Ich mache eine Liste aller Personen, mit denen ich zurzeit zu tun habe, und schreibe auf, wofür ich ihnen dankbar bin. Das lässt sie mich noch mehr schätzen und hilft mir, intensivere Beziehungen zu pflegen. Dieses Ritual ist perfekt für mich, denn wenn ich beschäftigt bin und meine Arbeit mich gefangen nimmt, vergesse ich leicht, Rücksicht auf die Menschen um mich herum zu nehmen.

Gehen Sie so vor, als würden Sie einen freudigen Lebensstil etablieren: Wählen Sie das aus, was Freude weckt, und geben Sie auf das acht, was Sie behalten möchten – Sie müssen beides tun, um ein Netzwerk aufzubauen, das Sie glücklich macht. Wenn Sie das Gefühl haben, dass etwas mit Ihrem Netzwerk nicht stimmt, sehen Sie das als Zeichen. Glauben Sie daran, dass Sie ein erfüllteres Leben haben können, und tragen Sie durch Ihr

eigenes Wohlbefinden mehr zum Glück anderer bei. Verabschieden Sie sich mit Dankbarkeit von jeder Beziehung, die Sie loslassen, und pflegen Sie die Beziehungen, die Sie behalten möchten.
M. K.

Bewerten Sie Ihre Kontakte

Sie haben wahrscheinlich auf vielen Kanälen Kontakte: auf LinkedIn, Facebook und anderen sozialen Netzwerken sowie über Ihr Smartphone und Ihren E-Mail-Account. Es wäre sehr zeitaufwendig, Ihre unterschiedlichen Kontaktlisten zu einer einzigen zusammenzuführen. Deswegen ist es völlig in Ordnung, Plattform für Plattform aufzuräumen. Marie hat Ihnen bereits geholfen, Ihre Visitenkarten auszusortieren. Streichen Sie nun die Kontakte bei all diesen Plattformen auf ähnliche Weise zusammen. Beginnen Sie damit, dass Sie sich Ihr ideales Arbeitsleben vorstellen. Wer sind die Menschen, mit denen Sie Kontakt haben möchten? Von welchem Typ Mensch möchten Sie umgeben sein? Mit wem wollen Sie Zeit verbringen?

Denken Sie über jeden Einzelnen nach, und fragen Sie sich: *Welche Beziehungen brauche ich für meinen Job?* Der Kontakt zu Kollegen oder Geschäftspartnern ist manchmal Teil des Jobs.

Fragen Sie sich als Nächstes: *Welche Kontakte können mir helfen, meine ideale Work-Life-Vision voranzubringen?* Diese Kontakte tragen dazu bei, eine freudvolle Zukunft in Form eines neuen (und besseren) Jobs herbeizuführen. Die betreffenden Personen können wertvolle Informationen oder Einblicke bereithalten, z. B. Vertriebskontakte herstellen oder hilfreiche Ratschläge geben.

Fragen Sie sich schließlich: *Welche Kontakte bringen mir Freude?* Lächle ich z. B., wenn ich an diese Person denke? Würde ich mich freuen, sie bald wiederzusehen? Einige Menschen erfüllen Ihr Leben vielleicht mit Freude, weil Sie bedeutungsvolle Beziehungen zu ihnen haben. Mit anderen verbringen Sie womöglich einfach gerne Zeit, helfen ihnen gerne oder stehen ihnen als Mentorin zur Seite.

Wenn eine Person nicht in eine dieser Gruppen passt, sollten Sie sie aus Ihrer Kontaktliste entfernen, aufhören, ihr zu folgen, oder ihren Social-Media-Feed stumm schalten. Viele Social-Media-Plattformen ermöglichen es, Kontakte zu löschen oder sie zumindest ohne deren Wissen zu blockieren.

Erlauben Sie es sich, in Zukunft wählerisch in Sachen Beziehungen zu sein. Ich habe früher spontan auf jede LinkedIn- oder Facebook-Freundschaftsanfrage mit Ja reagiert, weil es mir einen kurzfristigen Kick verschaffte, meiner Liste einen weiteren Kontakt hinzuzufügen. Doch ich erkannte, dass ich kein echtes Netzwerk aufbaute, sondern eher eine Menge loser Verbindungen anhäufte. Fühlen Sie sich nicht verpflichtet, auf jede Bitte um ein persönliches Treffen einzugehen oder jedes Networking-Event in Ihrer Gegend zu besuchen. Das mag hart klingen, doch es wird Ihnen den Freiraum verschaffen, für die Menschen da zu sein, die am meisten zählen, und in diese Beziehungen zu investieren.

Wie man wertvolle Kontakte knüpft

Tony, den wir in Kapitel 4 kennengelernt haben, feierte vor kurzem seine dritte Beförderung in sieben Jahren. Man könnte meinen, dass Tony als Vertriebs- und Marketingexperte in der Energiebranche ein umfassendes Netzwerk aufgebaut hatte, das zu seiner rasanten Karriere beitrug. Das war jedoch nicht der Fall.

Im Rahmen einer größeren Umstrukturierung in seiner Firma wurde sein

Vorgesetzter entlassen, und Tony dachte, dass ihn bald dasselbe Schicksal blühen würde. Statt sich an eine größere Gruppe innerhalb seines Netzwerks zu wenden, sprach er mit vier Menschen, mit denen er bereits in gutem Kontakt stand. Sofort wurden ihm vier vielversprechende Angebote gemacht. «Es hatte nichts mit der Anzahl meiner Kontakte zu tun. Da waren keine dreißig Leute, die ich hätte anrufen können. Ich hatte nur wenige Kontakte, aber die waren alle hochklassig», sagt er.

Wenn Sie ein begrenztes Netzwerk haben, ist es wichtig, sicherzustellen, dass Sie die richtigen Beziehungen aufbauen. Forschungen zeigen, dass wertvolle Beziehungen zwei Menschen erfordern, die sich auch in schweren Zeiten umeinander kümmern, sei es z. B. angesichts einer engen Deadline, eines gravierenden Fehlers oder in Tonys Fall angesichts einer drohenden Kündigung.[5] Wir teilen mit diesen Menschen unsere wahren Gefühle, wir lernen von ihnen, und die Beziehungen, die wir zu ihnen aufbauen, sind in der Lage, Rückschläge zu verkraften.

Meine Mentorin Jane ist nicht nur eine renommierte Expertin, wenn es um die Erforschung hochwertiger Beziehungen geht, sondern selbst ein Musterbeispiel dafür, wie wir solche Verbindungen in unserem Berufsleben aufbauen können. In einer ihrer Studien wies sie nach, dass gute Beziehungen zu Kollegen viele positive Auswirkungen haben können: eine bessere physische und psychische Gesundheit, eine gesteigerte Lernfähigkeit und eine größere Kreativität.[6]

Um wertvolle Beziehungen aufzubauen, müssen Sie erstens präsent sein. Auf Facebook schnell den Beitrag eines Freundes zu liken oder auf LinkedIn vorausgefüllte «Glückwünsche» zu verschicken, wenn jemand seine Beförderung postet, ist leicht, aber offensichtlich völlig belanglos. Fragen Sie nicht: «Wie geht es dir?», wenn Sie nicht bereit sind, sich eine fünfminütige Antwort anzuhören, die vielleicht nicht ganz so erfreulich ist. Und antworten Sie nicht mit einem oberflächlichen «Gut», wenn Sie eine wertvolle Beziehung aufbauen möchten. Ich erinnere mich, dass ich sofort «Gut» antwortete, als Jane mich das erste Mal fragte, wie es mir gehe, weil ich annahm, dass sie einfach nur höflich sein wollte. Noch heute sehe ich ihre Reaktion lebhaft vor mir. Sie schaute mir direkt in die Augen und fragte nun nachdrücklicher: «Nein, wie geht es dir wirklich?» Sie akzeptierte meine erste Antwort nicht, weil das nicht dazu beigetragen hätte, eine echte Freundschaft aufzubauen. Sie musste sich in meine Lage versetzen, um wirklich nachvollziehen zu können, was in meinem Leben vor sich ging. Und ich musste meine Angst überwinden, mich verletzlich zu machen, indem ich mich jemandem anvertraute, dessen Achtung und Respekt ich erringen wollte (und brauchte). Obwohl sie eine angesehene Wissenschaftlerin und ich ein Student war, wünschte sie sich dennoch eine aufrichtige Beziehung.

Zweitens sollten Sie anderen helfen, in puncto Arbeit ihr Bestes zu geben. Wenn Menschen erkennen, dass Sie ihnen wirklich helfen wollen, öffnen sie sich für eine wertvolle Beziehung. Mentor zu sein ist eine großartige Möglichkeit, dies zu erreichen, aber nicht der einzige Weg. Zu den weniger formellen Arten, anderen zu helfen, gehört es, einen Kollegen in Not zu unterstützen oder anzubieten, ihm zuzuhören. Wir können im Leben anderer Menschen etwas bewirken, wenn wir ihnen bei einem ihrer Projekte ein konstruktives Feedback geben oder uns für ihre Projekte einsetzen. Jane hat einen sehr großen Teil ihres Berufslebens der Aufgabe gewidmet, Studenten so zu fördern, wie es nur wenige Mentoren tun – und die Ergebnisse sprechen für sich, denn sie hat einige der einflussreichsten Experten in ihrem Fachbereich ausgebildet.

Drittens gilt es, offen zu sein und anderen zu vertrauen. Machen Sie sich sogar noch verletzlicher – seien Sie ehrlich in Bezug auf Ihre Fehler und Unzulänglichkeiten. Das macht Sie nahbar und zeigt, dass auch Sie fähig sind zu wachsen. Offen zu sein ist jedoch nicht leicht, wenn Sie sich dabei die ganze Zeit um Ihr berufliches Standing sorgen. Und wenn Sie eine Führungskraft sind, stellen andere Sie manchmal auf ein Podest, was es viel schwerer macht, an Sie heranzukommen. Selbst die talentierteste, großartigste Person, mit der Sie zusammenarbeiten, macht viele Fehler – so wie Sie! Geben Sie nicht länger vor, perfekt zu sein. Das ermöglicht es Ihnen, auf sinnvollere Weise Kontakte herzustellen.

Eine weitere Art, Vertrauen zu gewinnen, besteht darin, glaubwürdig zu delegieren. Wenn Sie anderen Arbeit zuweisen, sollten Sie sie danach nicht ständig kontrollieren oder ihre Ideen ignorieren. Selbst als ich gerade erst mit meiner Promotion begonnen hatte, vertraute Jane mir bereits wichtige Aufgaben innerhalb ihrer Forschungsprojekte an. Setzte ich etwas in den Sand, wies sie schnell auf die vielen Male hin, bei denen sie es vermasselt hatte, und sagte, das gehöre zu jedem Projekt dazu.

Und zu guter Letzt: Ermutigen Sie zum Spielen. Ab und zu albern zu sein wirkt nicht nur befreiend, es schärft auch unser Denken und entfacht unsere Kreativität.[7] Teamevents oder unternehmensweite Erfolgsfeiern können Spaß machen, doch spontane, selbstorganisierte Events sind normalerweise authentischer und ungezwungener.

Im Verlauf ihrer Karriere hat Jane viele Events mit angesehenen, international tätigen Wissenschaftlern organisiert. Professoren sind oft ein sehr introvertierter, ernster und zynischer Haufen. Doch Jane findet immer einen Weg, sie zum Spielen zu bringen. Am liebsten verteilt sie kleine Objekte, die das Thema des Events aufgreifen und gleichzeitig zu einer heiteren Stimmung beitragen – z. B. Pflanzensamen auf einer Konferenz zur beruflichen Weiterentwicklung.

Statt auf jede Bitte um Mentorschaft, um Rat oder andere Hilfsgesuche unbedacht mit einem Ja zu reagieren, sollten Sie Beziehungen aufbauen, die wirklich wichtig sind. Es ist völlig in Ordnung, oberflächliche Bitten abzulehnen, und lohnend, Ihr Netzwerk dafür zu nutzen, Menschen zu helfen, die Ihnen wirklich am Herzen liegen. Lassen Sie uns einfaches Netzwerken durch hochwertige Verbindungen ersetzen und große Netzwerke, die oft wenig Substanz haben, durch kleinere Netzwerke von Kontakten austauschen, die wirklich Freude bereiten.

KAPITEL 8

Meetings verbessern

Gavino hatte einen Großteil seines Berufslebens im öffentlichen Dienst zugebracht, zuerst im Strafvollzug und später bei der U.S. Army. Es war eine befriedigende Karriere, zu deren Höhepunkten die Aktualisierung der Lehr- und Einsatzpläne einer Polizeiakademie gehörten sowie ein Einsatz in Afghanistan, bei dem es darum ging, die Durchführung freier Wahlen sicherzustellen. Doch es war auch ein Berufsleben voller Meetings. Da täglich Einsatzbesprechungen vorgeschrieben waren, fand Gavino sich selbst dann in Meetings wieder, wenn es nichts zu bereden gab.

Schließlich verließ Gavino den öffentlichen Dienst, um für eine international agierende Beratungsfirma zu arbeiten. Er hilft einigen der größten Unternehmen der Welt, Personalprozesse wie Gehaltsabrechnung und Urlaubserfassung auf einer Technologieplattform zusammenzuführen.

Die Arbeitgeber in der freien Wirtschaft, stellte Gavino schnell fest, unterschieden sich stark von denen im öffentlichen Dienst. Ohne Vorgaben konnten Führungskräfte festlegen, wann und wie sie ihre Besprechungen durchführten.

Sein erstes Projekt hatte er bei einem in Florida ansässigen Hersteller. Die beiden Projektleiter hatten einen ähnlichen Werdegang und ähnliche Positionen innerhalb der Firma. Obwohl beide die Meetings des jeweils anderen besuchten, unterschieden sie sich stark voneinander, je nachdem, wer sie durchführte. John bevorzugte häufige, sehr lange Besprechungen;

Mark hingegen plante insgesamt weniger, kürzere und prägnantere Sitzungen.

Die Diskussionen in Johns Meetings waren ziellos und endeten erst, wenn alle aus Erschöpfung heraus verstummten. Bei einem dieser zähen Meetings heckte jemand einen Plan aus, wie sich die Teilnehmer aus dieser Situation befreien konnten: zur Toilette gehen. Nachdem eine Frau genau das getan hatte, folgten ihr andere nach, sodass das Meeting schließlich beendet werden musste. «Diese Sitzungen halten dich buchstäblich von der Arbeit ab und verlängern deinen Arbeitstag unnötig ... sie werden fast als Strafe empfunden ... sie töten sämtliche Lust an der Arbeit», grummelte Gavino.

Marks Meetings hingegen begannen pünktlich und endeten dank einer zuvor festgelegten Agenda rechtzeitig. Gavino fühlte sich während und nach diesen Besprechungen motiviert und eingebunden, bereit, sein Bestes zu geben und seinen Beitrag zu leisten.

Sosehr uns Meetings auch immer wieder frustrieren, so sehr brauchen wir sie. Wir entwickeln in ihnen neue Ideen, treffen wichtige Entscheidungen, lernen von anderen und kooperieren. Einer Studie zufolge basieren mehr als 15 Prozent der Arbeitszufriedenheit einer Person auf der Zufriedenheit mit den Besprechungen, an denen sie teilnimmt.[1] Das ist ein ziemlich hoher Prozentsatz, wenn man die vielen Faktoren bedenkt, die die Arbeitszufriedenheit noch beeinflussen, wie z. B. die Art der Tätigkeit, die Bezahlung, die Aufstiegsmöglichkeiten und die Beziehung zum Vorgesetzten.

Wenn Meetings gut organisiert sind, empfinden wir viel eher Freude bei der Arbeit – unabhängig davon, ob wir sie selbst leiten oder an ihnen teilnehmen. Umgekehrt können schlechtgesteuerte Meetings zweifelsohne zu einem bedeutenden Problem und einem der größten Hindernisse für unsere Produktivität werden.[2] Sie verringern unser Engagement, laugen uns emotional aus[3] und nehmen uns die Freude an der Arbeit. Wie Gavinos

Erfahrung illustriert, sind Meetings an sich jedoch nicht zwangsläufig das Problem. Es ist möglich, mit weniger und kürzeren Meetings produktiver zu sein. Unabhängig von Ihrer Position oder Ihrer Funktion können Sie mit ein paar einfachen Schritten dazu beitragen, dass Meetings in der Hälfte der Zeit doppelt so effektiv sind und gleichzeitig zur Arbeitszufriedenheit beitragen.

Wie sieht Ihr ideales Meeting aus?

Bevor Sie anfangen, bei Ihren Meetings aufzuräumen, sollten Sie sich klar darüber werden, was ein «ideales Meeting» überhaupt ausmacht – sowohl in Bezug auf die Sitzungen, an denen Sie teilnehmen, als auch auf jene, die Sie selbst vielleicht leiten. Auch wenn Sie noch am Anfang Ihrer Karriere stehen und von anderen und deren Kompetenz abhängig sind, sollten Sie wissen, was Sie mit einem Meeting erreichen wollen. Wenn Sie an Besprechungen mit der Erwartungshaltung herangehen, dass sie deprimierend verlaufen werden, wird genau das passieren.

Würden Sie Ihr ideales Meeting als eines beschreiben, das einen klaren Zweck und ein klares Ziel hat? In dem eine aktive Teilnahme gewünscht ist? Die Teilnehmer einander zuhören, die Meinung der anderen respektieren und Spaß haben? Als ein Meeting, in dem in kurzer Zeit Ergebnisse erzielt werden können?

Denken Sie darüber nach und/oder schreiben Sie auf, wie sich ein ideales Meeting für Sie anfühlen und zu welchen Ergebnissen es führen sollte.

An welchen Meetings nehmen Sie teil?

Vielleicht ist Ihnen gar nicht bewusst, wie viel Ihrer Zeit und Mühe eigentlich in Meetings fließen, weil diese über die Woche verteilt sind. Deshalb ist es an der Zeit, jedes Ihrer Meetings zu erfassen.

Gehen Sie die letzte Woche in Ihrem Kalender durch, und markieren Sie all Ihre Besprechungen darin – auch diejenigen, die nicht formell angesetzt wurden, sondern spontan stattgefunden haben. Nehmen Sie nun eine Karteikarte für jedes Meeting (oder wie zuvor eine Tabelle), und notieren Sie den Namen, die Anzahl der darin verbrachten Minuten und die Häufigkeit Ihrer Teilnahme darauf.

Nehmen Sie dann jede Karte in die Hand, und fragen Sie sich:

> War das Meeting für meine Arbeit notwendig? *Haben Sie z. B. Informationen bekommen, die Sie sich nicht hätten anlesen können? Hat es geholfen, wichtige Probleme zu lösen? Hat es zu einer wesentlichen Entscheidung oder einem Maßnahmenplan geführt? Mussten Sie daran teilnehmen, weil Ihr Chef sonst verärgert gewesen wäre? Ist es bei wöchentlichen Meetings wirklich nötig, jedes Mal hinzugehen?*
>
> Hat es mich meinem idealen Arbeitsleben nähergebracht? *Haben Sie z. B. etwas gelernt, was Ihre Karriere voranbringt?*
>
> Hat es Spaß gemacht? *Hat es z. B. zu einer größeren Verbundenheit mit Ihren Kollegen geführt?*

Zerreißen Sie die Karteikarten der Meetings, die nicht mindestens eines dieser Kriterien erfüllen. Denken Sie daran, sich dabei zu bedanken für das, was es Sie gelehrt hat (selbst wenn Sie gelernt haben, wie man ein Meeting *nicht* leitet).

Kommen wir nun zu den von Ihnen organisierten Meetings: Gehen Sie jede Karteikarte mit der Einstellung durch, dass Sie alle bereits arrangierten Meetings absagen werden. Nichts ist heilig – weder die wöchentliche Zusammenkunft noch das inoffizielle vierteljährliche Treffen, die Abschlussbesprechung am Semesterende oder das zweimonatliche Projektmeeting. Halten Sie nur an den Sitzungen fest, die zu den besten Arbeitsergebnissen und zur größten Zufriedenheit bei den Teilnehmern führen – und tun Sie es nur so lange, bis sie nicht mehr notwendig oder nützlich sind. Nur weil die Besprechungen in der Vergangenheit großartige Ergebnisse hervorgebracht haben, heißt das nicht, dass sie für immer fortgeführt werden müssen.

Legen Sie nun die verbliebenen Karteikarten so vor sich hin, dass Sie alle auf einmal sehen können. Was verraten sie Ihnen über Ihren Job? Verbringen Sie zu viel Zeit in Meetings und nicht genug damit, Ihre eigentliche Arbeit zu erledigen? Sind die meisten nur eine Pflichtveranstaltung, und zu wenige bringen Sie Ihrem idealen Arbeitsleben näher? Sind Ihre Tage nur deswegen mit Besprechungen ausgefüllt, weil Sie Ihre Vorgesetzten zufriedenstellen wollen?

Trennen Sie chaotische von unwichtigen Meetings

Tun Sie Ihr Bestes, um von Meetings befreit zu werden, die unnötig sind, nicht zu einer freudvollen Zukunft beitragen oder Ihnen keine Freude bereiten. Natürlich wird das nicht immer möglich sein, sosehr wir uns auch bemühen. In manchen Fällen ist es vielleicht sogar ausgeschlossen. Sie werden nach eigenem Ermessen entscheiden müssen, was Ihre Arbeitsbedingungen erlauben. Doch viele Menschen haben mehr Spielraum, als ihnen bewusst ist.

Es gibt zwei Gründe, warum Mitarbeiter nicht an Meetings teilnehmen möchten: weil sie chaotisch sind oder nicht sonderlich relevant für ihre Arbeit. Ich werde später erklären, wie jeder daran mitwirken kann, ein Meeting besser zu machen. Aufzuräumen kann die chaotischen, aber relevanten Meetings verbessern, es lohnt sich, sie beizubehalten. Sie können daran mitarbeiten, dass sie ihr volles Potenzial entfalten.

Wenn Sie ein Meeting als unwichtig und zwecklos erachten, weil Sie weder etwas lernen noch einen Beitrag dazu leisten können, wird es Zeit, ihm fernzubleiben – sofern möglich. Ihre Teilnahme bringt Sie weder Ihrem idealen Arbeitsleben näher, noch erfüllt sie einen anderen Zweck, wie z. B. Kollegen bei ihrer Arbeit zu unterstützen.

In Kapitel 4 haben wir Tony kennengelernt, den Marketingexperten eines Energiekonzerns. Er wägt inzwischen den potenziellen Nutzen jedes Meetings ab, bevor er daran teilnimmt. Viele seiner Kollegen arbeiten bis spät in den Abend hinein, weil sie den ganzen Tag von einem Meeting ins nächste stolpern und keine Chance haben, ihre Arbeit zu Ende zu bringen. «Wahrscheinlich sind nur zehn Prozent der Meetings ihre Zeit wert», schätzt Tony.

Tony verfolgt einen sehr direkten Ansatz. Er hat gelernt, dass ein guter Teamplayer zu sein ihm einen gewissen Spielraum verschafft, Sitzungen höflich abzusagen. Obwohl er als mittlerer Angestellter keine Meetings organisiert, hat er genug Urteilsvermögen entwickelt, um zu wissen, welche sich lohnen. Und er scheut sich nicht, es seinem Chef mitzuteilen, wenn er das Gefühl hat, dass eine Besprechung keinen Nutzen für ihn haben wird. «Wenn ich zu dem Meeting gehe, hält mich das von Arbeit ab, die einen Mehrwert für unsere Aktionäre schafft», sagt er gerne.

In vielen Unternehmen haben Meetings einen so hohen Stellenwert, dass es unrealistisch ist, sie abzusagen, ohne zusätzliche Schritte zu unternehmen. Einigen Menschen fehlt eventuell das Selbstvertrauen oder das Standing, um sich ausdrücklich gegen eine Teilnahme an Meetings zu entscheiden. Sie könnten sich gezwungen fühlen hinzugehen, weil es ihnen unangenehm ist abzusagen und es ihnen vielleicht sogar unklug erscheint. Stellen Sie sich vor, man würde zu einem Kollegen sagen: «Es tut mir leid, aber dein Meeting zermürbt mich und ist sinnlos. Ich werde nicht kommen.» Und auch, wenn Ihr Chef das Meeting einberuft, scheint ein Nein ausgeschlossen zu sein. Was also können Sie tun?

Erwägen Sie, im Vorfeld um eine Beschreibung des Sitzungszwecks und eine Agenda zu bitten. Tun Sie es aus dem echten Wunsch heraus, sich vorbereiten zu können. Vielleicht stellen Sie dann fest, dass das Meeting doch relevant für Sie ist. Wenn Sie immer noch Zweifel daran haben, was Sie lernen oder beitragen können, stellen Sie einfache Fragen. Formulieren Sie sie auf eine Weise, die Ihr Interesse an einem erfolgreichen Meeting verdeutlicht, sodass der Organisator sich nicht angegriffen fühlt. Stellen Sie Fragen wie z. B.: *Wie kann ich am besten zum Erfolg dieses Meetings beitragen? Wie kann ich mich am besten auf das Treffen vorbereiten?* Dies ist eine schnelle, risikoarme Möglichkeit, ein besseres Gefühl für Ihre Rolle innerhalb einer Besprechung zu bekommen. Ihre Fragen können vielleicht sogar dem Organisator den Schluss ziehen lassen, dass Ihre Anwesenheit nicht notwendig ist.

Wenn Sie nach dieser Vorarbeit immer noch davon überzeugt sind, nichts zu dem Meeting beitragen zu können, bitten Sie höflich darum, Sie zu entschuldigen. Teilen Sie dem Organisator mit, dass Sie nicht der richtige Adressat sind. Forschungen zeigen, dass Erklärungen – z. B. dass man über keine relevanten Informationen verfügt oder nichts zum Ergebnis beitragen kann – die Chancen erhöhen, nicht teilnehmen zu müssen.[4] Schlagen Sie, sofern möglich, eine Person vor, die einen wertvolleren Beitrag zu dem Meeting leisten kann.

Wenn alle Stricke reißen und Sie in einem fürchterlichen Meeting feststecken, versuchen Sie mindestens eine Sache zu finden, die Sie dabei lernen können.

An vielen Meetings teilzunehmen macht Sie nicht wichtiger

Seien Sie ehrlich: Tragen Sie nicht unabsichtlich selbst etwas zu der Masse an Sitzungen bei? Wenn ich Angestellte frage, ob in ihrem Kalender zu viele Besprechungstermine stehen, bejahen sie dies fast immer. Frage ich weiter, wie sie sich fühlen würden, keine Sitzungseinladungen mehr zu bekommen, empfänden sie das als persönliche Beleidigung oder als Zeichen der Ausgrenzung. Versuchen Sie, sich von dem Gedanken freizumachen, dass Sie umso wichtiger sind, je mehr Meetings Sie besuchen. Müssen oder wollen Sie wirklich teilnehmen? Gehen Sie nur hin, weil Sie das Gefühl haben, dass es etwas über Ihre Wichtigkeit aussagt? Oder machen Sie sich Sorgen, dass Sie ein zentrales Gespräch oder eine wesentliche Entscheidung verpassen? Vergessen Sie nicht, dass Meetings nur eine von vielen Möglichkeiten sind, etwas zu erreichen. Ihr Ziel besteht nicht darin, einen Preis für die Teilnahme an den meisten Meetings zu gewinnen.

Jeder kann dazu beitragen, dass Meetings Spaß machen

Wenn Sie zu einer Besprechung gehen, betreten Sie einen Raum der Zusammenarbeit, der Entscheidungsfindung und des Ideenaustauschs. Würdigen Sie diesen Raum, und er wird sich in eine Quelle der Freude verwandeln. Nutzen Sie ihn nicht, um ausschließlich Eigeninteressen durchzusetzen. Meetings sind nicht der Ort für langatmige Reden, Engstirnigkeit oder das Schlechtmachen anderer Ideen, nur um die eigenen voranzubringen.

Regel Nummer 1: Nehmen Sie teil. Nehmen Sie wirklich teil. Ich habe in viel zu vielen Meetings beobachtet, dass nur einige wenige Teilnehmer wirklich anwesend und engagiert sind. Sitzen Sie aufrecht, ziehen Sie den Stuhl nah an den Tisch heran, und strahlen Sie positive Energie aus. Dies ist nicht der Zeitpunkt, um Ihre Gedanken schweifen zu lassen.

Regel Nummer 2: Bereiten Sie sich vor. Wenn eine Führungskraft im Vorfeld eine Tagesordnung zur Verfügung gestellt hat, sorgen Sie dafür, dass Sie vorbereitet sind. Wenn die Zeit dafür zu knapp ist, haben Sie wahrscheinlich auch keine Zeit, an dem Meeting selbst teilzunehmen. Fragen Sie sich erneut: *Hat es sich wirklich gelohnt, dieses Treffen beizubehalten*?

Regel Nummer 3: Legen Sie Handys, Tablets etc. zur Seite. Wirklich, wir kriegen es alle mit, wenn Sie einen Blick auf Ihr Handy werfen. Es ist unhöflich und vermittelt die Botschaft, dass das Meeting unwichtig und Ihrer Aufmerksamkeit nicht wert ist. Das Geräusch eintreffender Nachrichten und das Klicken vom Tippen stören. Sobald einer der Anwesenden anfängt, sich mit seinen mobilen Endgeräten zu beschäftigen, folgen andere seinem Beispiel, und die Gruppe bringt dem Meeting nicht mehr den verdienten Respekt entgegen. Wenn Sie sich auf die Sitzung konzentrieren, wird sie kürzer, effektiver und angenehmer sein.

Regel Nummer 4: Hören Sie zu ... hören Sie *wirklich* zu! Wir sollten in Meetings voneinander lernen können. Das ist ziemlich schwierig, weil wir alle so gern reden. Bei einer Versuchsreihe stellten Forscher fest, dass die Teilnehmer ein so großes Mitteilungsbedürfnis hatten, dass sie sogar bereit waren, auf Geld zu verzichten, wenn sie dafür noch mehr reden konnten. Ein während der Studie durchgeführter Gehirnscan zeigte, dass reden zu können dasselbe Gefühl von Zufriedenheit erzeugt wie Essen oder Sex.[5] Es ist also kein Wunder, dass wir in Meetings schnell vom eigentlichen Thema abschweifen – und zu wenig zugehört wird.

Regel Nummer 5: Ergreifen Sie das Wort. Es gibt Momente, in denen Sie ganz besondere Informationen weitergeben können. Konzentrieren Sie sich darauf, das Gespräch durch neue Erkenntnisse und andere Perspektiven voranzubringen oder die Diskussion wieder aufs eigentliche Thema zurückzuführen. Wenn Sie der Ansicht sind, die Gruppe könne mehr kritisches Denken gebrauchen, dann schlagen Sie vor, «des Teufels Advokat» zu spielen oder die Rolle eines Wettbewerbers oder anderer Marktakteure einzunehmen – z. B. die einer anderen Abteilung im Unternehmen, eines Aufsichtsrats oder eines Kunden. Ein guter Sitzungsleiter unterbindet sowieso überflüssige und wenig hilfreiche Diskussionen. Ein guter Teilnehmer kann ihn dabei unterstützen, indem er sein eigenes Verhalten steuert und erkennt, wann es Zeit ist, das Wort zu ergreifen, und wann es Zeit ist zuzuhören. Dabei hilft eine einfache Frage: *Liefere ich neue Informationen, die das Ziel des Meetings voranbringen?* Wenn nicht, ist Zuhören angesagt.

Regel Nummer 6: Verletzen Sie niemanden. Wir sind verantwortungsbewusste Erwachsene. Andere zu kritisieren, sie zu unterbrechen oder Werbung in eigener Sache zu betreiben ist kontraproduktiv. Während einer bemerkenswerten Untersuchung von 92 Teammeetings zeigte sich, dass unangemessenes Verhalten der Sitzungsteilnehmer einem Meeting mehr schadete, als gutes Verhalten ihm nützte.[6] Lassen Sie also wenigstens Ihre spitzen Bemerkungen und Ihr schlechtes Benehmen an Ihrem Schreibtisch zurück.

Und schließlich: Unterstützen Sie andere. Anstatt das, was eine Person sagt, sofort zurückzuweisen, sollten Sie versuchen, es zu verbessern. Ersetzen Sie «Nein, aber» durch «Ja, und» – so vermeiden Sie, fremde Ideen reflexhaft abzulehnen. Konditionieren sich selbst eher darauf, an ihnen anzuknüpfen. Die anderen Teilnehmer werden sich besser fühlen – und auch Sie werden das tun, weil Sie ihnen geholfen haben.

Strukturieren Sie Ihre Meetings

Vielleicht sind Sie ein Manager, der regelmäßig Besprechungen leitet. Vielleicht wollen Sie auch die Karriereleiter hochklettern und zusätzliche Verantwortung übernehmen, die wahrscheinlich das Moderieren von Besprechungen mit einschließt. Möglicherweise arbeiten Sie mit Kunden und müssen Ihre Gespräche mit ihnen organisieren, um bessere Ergebnisse zu erzielen. Unter Umständen kommt Ihre Chefin eines Tages zu Ihnen und bittet Sie, in ihrer Abwesenheit ein Meeting zu leiten. Werden Sie vorbereitet sein? Unabhängig von Ihrer Position im Unternehmen wird die Fähigkeit, ein strukturiertes Meeting zu moderieren, Ihnen gute Dienste leisten.

Erstens sollten Sie wissen, was Sie erreichen wollen. Ist das Meeting überhaupt nötig? Manche Meetings werden lediglich zu Informationszwecken einberufen, wobei es in der Regel effizientere Möglichkeiten gibt, Informationen weiterzugeben. Ein einfaches Handout oder ein paar Folien machen möglicherweise genauso deutlich, was Sie mitteilen wollen. Mit ihrer Hilfe können Sie Ihre Kollegen schnell auf den neuesten Stand bringen und Meetings für Diskussionen und Entscheidungen reservieren.

Normalerweise wird so lange an regelmäßig wiederkehrenden Besprechungen festgehalten, bis jemand sie aktiv absagt. Das gilt besonders für wöchentliche Sitzungen. Können Sie solche Meetings durch gelegentliche ersetzen, die Sie nur einberufen, wenn Sie etwas Wichtiges zu berichten haben?

Denken Sie **zweitens** sorgfältig über die Teilnehmer nach. Die digitale Terminplanung macht es einem sehr einfach, Kollegen einzuladen. Es ist verlockend, möglichst viele von ihnen einzuladen, weil das das Meeting wichtiger erscheinen lässt oder Sie glauben, es würde dann reibungsloser verlaufen. Wenn Sie die Einladung von Hand schreiben müssten – würden Sie bestimmte Leute dann überhaupt berücksichtigen?

Zu viele Teilnehmer hemmen ein Meeting. Wichtiger als ein Raum mit vielen Menschen ist ein Raum, in dem die *richtigen* Menschen sitzen – diejenigen, die spezifische Informationen beizutragen haben oder die Macht besitzen, Maßnahmen zu ergreifen und Entscheidungen zu treffen.

Nennen Sie **drittens** die Ziele des Meetings in Ihrer Einladung. Das hilft den Leuten, zu entscheiden, ob sie dabei wirklich gebraucht werden. Ist dies nicht der Fall, sollten Sie ihnen erlauben, dem Meeting ohne Konsequenzen fernbleiben zu können. Sind Sie der Ansicht, dass ein Meeting ohne eine bestimmte Person weniger effektiv sein wird, lassen Sie sie wissen, welchen Unterschied ihre Teilnahme machen würde. Wenn das Meeting ohne sie gut verläuft, war ihre Anwesenheit nicht wirklich erforderlich.

Stellen Sie sicher, dass die Agenda genug Details enthält, damit die Teilnehmer sich adäquat vorbereiten können. Sie können z. B. konkrete Entscheidungen oder Handlungsvorschläge benennen, die debattiert werden sollen, die Teilnehmer bitten, sich vorher Fragen zu überlegen, und sie dazu einladen, Ideen in die Besprechung mitzubringen.

Ermutigen Sie **viertens** zur Mitwirkung. Sie haben die Teilnehmer dazu eingeladen, Beiträge zu leisten, und nichts kann schneller demoralisieren, als wenn ausschließlich Sie selbst reden. Betonen Sie gleich zu Beginn, dass es Ihr Ziel ist, die Ideen aller Anwesenden zu erfahren – statt sie dazu zu zwingen, ausschließlich Ihnen zuzuhören und allem, was Sie sagen, zuzustimmen. Wenn Versammlungsleiter zu viel reden, werden Entscheidungsprozesse verlangsamt[7] und die Produktivität verringert.[8] Außerdem führt es zu schlechteren Entscheidungen.[9]

Vermeiden Sie es, jede Person am Tisch der Reihe nach aufzufordern, etwas zu sagen. Bitten Sie die Teilnehmer stattdessen, sich einzubringen, wenn sie etwas Neues hinzuzufügen haben. Stellen Sie offene Fragen, die die Debatte fördern und allen das Gefühl geben, sich frei äußern zu können – so werden die Anwesenden aktiv beteiligt. Sie können Fragen stellen wie: Wie kann man dieses Problem aus einer anderen Perspektive betrachten? Auf welche blinden Flecke sollten wir achten? Wie werden sich unsere Angestellten, unsere Kunden oder anderen Auftraggeber fühlen?

Wenn jemand sich vor allem in wiederkehrenden Meetings nicht beteiligt, führen Sie ein kurzes Gespräch mit ihm, um ihn für das nächste Mal zu einem Beitrag zu ermuntern. Glaubt die betreffende Person, dass sie nichts beizutragen hat? Falls ja, war sie womöglich nicht die richtige für die Besprechung. Befreien Sie sie von der Teilnahmepflicht. Fehlt es der Person z. B. an Selbstvertrauen, weil sie in der Hierarchie ganz unten steht, teilen Sie ihr mit, dass Sie sie eingeladen haben, weil Sie ihre Meinung hören möchten.

Legen Sie **fünftens** Zeitpläne für Meetings fest. Eine Dauer von 30 und 60 Minuten ist üblich, weil es sich um runde Zahlen handelt – doch abgesehen davon steckt kein weiterer Grund dahinter. Meetings enden selten vorzeitig, selbst wenn die Arbeit erledigt ist. Wenn sie für mehrere Stunden angesetzt sind, dauern sie auch mehrere Stunden.

Sobald Ihre Meetings die 60-Minuten-Grenze überschreiten, werden die Teilnehmer wahrscheinlich gedanklich aussteigen. Setzt man zu viel Zeit für eine Besprechung an, ist die erste Hälfte in der Regel unproduktiv, weil das Gefühl von Dringlichkeit fehlt. Abgesehen davon, dass ein kürzeres Meeting weniger Zeit beansprucht, kann ein moderater Zeitdruck auch Kreativität entfachen.

Versuchen Sie, bestehende Meetings schrittweise um jeweils eine Viertelstunde zu verkürzen, bis zu dem Punkt, an dem Sie feststellen, dass Sie in Zeitnot geraten.

Obwohl allzu lange Meetings uns Energie rauben, sollten Sie sie nicht einfach durch kürzere, dafür aber häufigere Meetings ersetzen. Die meisten Menschen sagen kurzen Besprechungen bereitwillig zu, doch sie können fast so aufwändig sein wie lange (wenn sie überhaupt nur kurz dauern, was selten der Fall ist). Sich auf sie vorzubereiten ist zeitintensiv, und sie unterbrechen uns bei der eigentlichen Arbeit. Eine Studie ergab, dass die in Meetings verbrachte Zeit sich kaum auf die Arbeitszufriedenheit auswirkt. Entscheidend ist die Anzahl der Meetings, an denen die Angestellten teilgenommen hatten. Aufgrund der ständigen Unterbrechungen durch viele kurze Meetings fühlten sie sich demotivierter und erschöpfter als durch wenige längere Meetings.

Forscher stellten außerdem fest, dass mehr Meetings nicht die Produktivität steigerten.[10] Es ist also weitaus besser, verwandte Themen in einer Besprechung von rund 45 Minuten zu bündeln, als im Laufe der Woche mehrere kurze Besprechungen dafür anzusetzen.

Initiieren Sie Steh-Meetings ohne Konferenztisch und Stühle, da sie zu kreativeren Ideen und besserer Zusammenarbeit führen.[11] Wenn wir sitzen, stecken wir symbolisch unser Terrain ab. Das kann dazu führen, dass wir übermäßig stark auf unseren eigenen Vorstellungen beharren und weniger offen für neue Ideen sind. Stehen hingegen bewirkt, dass wir uns mehr engagieren und weniger von anderen abgrenzen. Ein zusätzlicher Bonus besteht darin, dass Steh-Meetings in der Regel kürzer dauern.[12]

Genauso, wie jedes Meeting einen Zweck und eine Agenda braucht, braucht es am Ende auch eine Zusammenfassung. Beginnen Sie damit, dass Sie allen Anwesenden für ihre Teilnahme danken. Schließlich haben sie sich trotz ihrer vollen Terminkalender Zeit genommen, etwas zur Agenda beizutragen, sodass Sie ihnen aufrichtigen Dank schulden. Eine Zusammenfassung verdeutlicht ihnen, warum ihre Zeit sinnvoll genutzt war. Stellen Sie Fragen wie: Welche Fortschritte haben wir gemacht? Was kam uns in die Quere? Was haben wir gelernt? Welche Probleme haben wir gelöst?

Wenn am Ende eines Meetings eine Entscheidung getroffen wird, bitten Sie die Teilnehmer, sich öffentlich zu ihr zu bekennen und sie zu unterstützen, auch wenn sie sie nicht befürwortet haben. Dieses öffentliche Bekenntnis macht es wahrscheinlicher, dass sich die Teilnehmer tatsächlich für ihre Umsetzung engagieren. Gleichzeitig verringert es die Wahrscheinlichkeit, dass sie die Entscheidung später in inoffiziellen Gesprächen untergraben oder gar sabotieren.

Stellen Sie sich Meetings vor, die Energie verleihen – Meetings, auf die Sie sich wirklich freuen. In solchen Besprechungen werden wichtige Fortschritte erzielt, und sie enden manchmal sogar vorzeitig. Diese Vision kann zur Realität werden, wenn Sie Ihren Beitrag dazu leisten, die Zahl der Meetings zu reduzieren. Helfen Sie allen, mehr Freude im Konferenzzimmer zu erleben!

KAPITEL 9 | Teams gestalten

Marcos zog seinen Traumjob an Land. Als leitender Einkaufsanalyst, der für einen großen Energiekonzern IT-Anschaffungen für ganz Nordamerika überwachte, ging er jeden Tag voller Enthusiasmus zur Arbeit. Doch ein Jahr nachdem er seinen Job angetreten hatte, erlitt die Energiebranche einen Einbruch. Seine Stelle wurde gestrichen. Marcos' Manager stellte ihn vor die Entscheidung: Verlass den Konzern oder wechsle zu einem neuen Team.

Verständlicherweise war Marcos verärgert. Er wollte sein altes Team nicht verlassen, und die Arbeit im neuen Team klang ziemlich langweilig – die Überprüfung und das Bezahlen von 15 000 Rechnungen, die das Unternehmen jeden Monat erhielt. Da er nicht arbeitslos werden wollte, vollzog er schweren Herzens den Wechsel zum neuen Team und widmete sich der nervtötenden Aufgabe, Abrechnungsfehler zu korrigieren. «Es war quälend. Ich war verletzt», sinnierte er.

Als er zu dem neuen Team hinzustieß, stellte er fest, dass es völlig chaotisch arbeitete. Die Fehlerrate war zweistellig, sodass zu viele Rechnungen nicht oder nicht korrekt bezahlt wurden. Das 15-köpfige Team hatte auch keine formelle Leitung. Marcos legte sich ins Zeug. *Man hat dir den übelsten Job im gesamten Arbeitsablauf der Firma gegeben*, sagte er sich. *Kannst du ohne einen Titel Teamleiter werden?* Mit der Zeit wurde er zum Ansprechpartner, wenn es um die Korrektur von Rechnungsfehlern ging, und erleichterte damit anderen die Arbeit. Die Unterstützung, die er dem Rest des Teams bot, machte seine Bemühungen umso wirkungsvoller.

Seine Anstrengungen hatten einschneidende Folgen: Das Team wuchs zusammen, die Teammitglieder begannen, ihren Job zu mögen, und die Gruppe konnte ihre Fehlerrate um einige Prozentpunkte senken. Die Qualität ihrer Arbeit blieb nicht unbemerkt. Schon bald belohnte das Management Marcos mit einer neuen Position im Bereich Lieferkettenanalyse, einem angeseheneren Teil des Unternehmens. Als er sein bisheriges Team verließ, bot das Management seinem Nachfolger die formelle Position des Teamleiters an, eine Anerkennung, die Marcos nie erhalten hatte, die jedoch die Bedeutung seiner informellen Rolle bewies.

Er hielt den Kontakt zu seinem ehemaligen Team. Innerhalb weniger Monate machte der neue Leiter viele der Änderungen, die Marcos vorgenommen hatte, rückgängig. Die Moral der Mitarbeiter sank, und das Engagement nahm ab. Weniger als ein Jahr nach seiner Versetzung bat das Management ihn, zu der Gruppe zurückzukehren.

Zum zweiten Mal in zwei Jahren gab er für ein Team, dessen Arbeit er im Grunde langweilig fand, einen Job auf, den er liebte. Hinzu kam, dass Marcos weder offiziell die Stelle des Teamleiters bekam noch die Gehaltserhöhung erhielt, die er seiner Ansicht nach verdiente. Er war enttäuscht, doch tief in seinem Inneren reizte es ihn dennoch, die Herausforderung anzunehmen.

Beim zweiten Mal hatte er große Pläne, wie er die Sache angehen wollte. *Obwohl ich nicht der Vorgesetzte dieser Leute bin, werde ich das Team wiederaufbauen und dafür sorgen, dass es korrekt arbeitet,* dachte er. Er verhielt sich wie eine Führungsperson, die viele von uns gerne sein würden, und machte sich daran, innerhalb des Teams aufzuräumen. Es war zu groß und unproduktiv, und die Mitarbeiter hatten außerdem wenig Spaß bei ihrer Arbeit. Marcos gab das ehrgeizige Ziel aus, die Fehlerrate von mehr als zehn Prozent auf beeindruckend niedrige drei Prozent zu senken und gleichzeitig das Team zu verkleinern. Er wollte das Team so effizient machen, dass er auf keinen Fall ein drittes Mal in dieser Abteilung eingesetzt werden würde.

«Jeder im Team weiß, dass ich versuche, meinen Job durch Automatisierung überflüssig zu machen», brüstete er sich.

Er half, einen Bot zu entwickeln, der die Arbeit von fünf Teammitgliedern ersetzte. Das ebnete den Weg, die Teamgröße um mehr als die Hälfte zu reduzieren. Anschließend half er seinen Teamkollegen, bessere Jobs zu finden. Ein Kollege korrigierte nun nicht mehr nur profan und händisch Rechnungen, sondern übernahm die Verantwortung für die Meetings der Gruppe. Eine Kollegin hatte endlich den Mut, zu einem Team zu wechseln, in dem sie sich und ihre Fähigkeiten besser einbringen konnte. Dank Marcos' Anstrengungen sparte das Unternehmen viel Geld, und die Angestellten erledigten Arbeit, die ihnen mehr Freude bereitete – kein Vergleich mit der Monotonie, Tausende von Rechnungen zu prüfen. Marcos erfüllte es, seinen Kollegen helfen zu können, und er beschrieb seine Arbeit als «absolut befriedigend».

Wenn die Mitglieder eines Teams miteinander harmonieren, empfinden sie die Arbeit als anregend; außerdem sind sie produktiver, stolzerfüllt und entschlossen, etwas zu bewegen. Ist unser Team jedoch unorganisiert, verschwenden wir unsere Zeit und werden frustriert. Vielleicht ziehen wir uns sogar komplett zurück, kommen unvorbereitet in die Besprechungen oder sind nicht bereit, unsere Ideen einzubringen.

So, wie die meisten Jobs angelegt sind, ist es schwierig, Spaß bei der Arbeit zu haben, wenn im eigenen Team keinerlei Freude herrscht. Marcos ergriff die Gelegenheit, sein Team zu verbessern, obwohl er keine Führungsposition innehatte. Er verwandelte ein ineffektives Team, das anspruchslose Arbeit erledigte, in ein organisiertes Team, das angenehmere und qualitativ hochwertige Arbeit verrichtet. Auch wenn Sie keine Führungsrolle haben, können Sie dazu beitragen, dass mehr Freude in Ihrem Team herrscht.

Visualisieren Sie Ihr ideales Team

Sie sind vermutlich mit zwei Arten von Teams in Berührung gekommen: primären Arbeitsteams und Projektteams. Primäre Arbeitsteams sind feste Gruppen, die normalerweise innerhalb einer Abteilung oder um einen bestimmten Aufgabenbereich herum organisiert sind, z.B. ein Team von Krankenschwestern, ein Soldaten-Bataillon oder ein funktionsübergreifendes Leitungsteam.

Projektteams sind temporär und werden gebildet, um ein spezifisches Problem zu lösen, ein Produkt auf den Markt zu bringen, einen Kunden zu betreuen oder eine spezifische Entscheidung zu treffen. Beide Formen umfassen die Zusammenarbeit mit anderen, die Zusammenführung unterschiedlicher Standpunkte sowie die Generierung und Umsetzung von Ideen.

Nehmen Sie sich einen Moment lang Zeit und stellen Sie sich Ihr ideales Team vor. Wie fühlt es sich an? Finden dort viele positive Interaktionen statt? Fördert es Beziehungen? Ist es ein auf das Dienstliche beschränktes Team, das schnell eine Aufgabe anpackt, oder gibt es Raum für Verbindungen jenseits der Arbeit, z.B. gemeinsame Treffen mit Kollegen nach Feierabend? Ist Ihr ideales Team eines, das Sie herausfordert, bei der Arbeit Ihr Bestes zu geben? Bietet es Unterstützung, Ermutigung oder Wachstum? Es gibt hier keine richtige oder falsche Antwort, solange es sich richtig für Sie anfühlt.

In wie vielen Teams sind Sie?

Es ist an der Zeit, sich Ihren Teams zuzuwenden. Nehmen Sie für jedes Team, d.h. Ihre primären Arbeitsgruppen und alle Projektteams, eine Karteikarte (oder eine Tabelle) und schreiben Sie seinen Namen darauf.

Lassen Sie uns nun herausfinden, was in jedem Team vor sich geht. Sicherlich gibt es die «XY-Arbeitsgruppe» oder das «typische Problemlösungsteam». Doch was ist der eigentliche Zweck dieser Teams? Mit *Zweck* ist der aufrichtige Glaube an den Wert der Arbeit gemeint, die Sie leisten. Er hilft uns, einen Sinn in unseren Bemühungen zu sehen, weil er uns mit einem größeren Ziel verbindet. Ohne einen Zweck herrscht in Teams schnell Chaos. Sie springen von Aufgabe zu Aufgabe, weil nicht klar ist, warum sie eigentlich bestehen.

Es ist die Aufgabe des Teamleiters, den Zweck eines Teams aufzuzeigen – und wenn Sie selbst der Teamleiter sind, dann legen Sie los! Wir anderen wollen den Zweck des Teams verstehen – selbst wenn man ihn uns bisher nie genannt hat –, damit wir das Gefühl haben, dass unsere Anstrengungen zu etwas führen und unsere Zeit gut investiert ist. «Wachsen», «Probleme lösen» oder «den Prozess verbessern» ist da viel zu vage. Zudem ist es nicht sonderlich inspirierend. Zeigen Sie so konkret wie möglich auf, wie die Arbeit des Teams einer Person oder Gruppe helfen kann. Für Marcos' Team ging es nicht allein darum, Abrechnungen zu überprüfen und Fehler zu beheben. Es fühlte sich vielmehr aufgerufen, die Integrität des Unternehmens wiederherzustellen, indem Lieferanten korrekt und zeitnah bezahlt wurden. Ein Produktentwicklungsteam läuft zu seiner Höchstform auf, wenn sein Zweck nicht nur darin besteht, Produkte auf den Markt zu bringen, sondern Kunden zu begeistern und ihnen das Leben zu erleichtern.

Im Rahmen einer inspirierenden Studie beobachteten Forscher ein Team von Krankenhaus-Reinigungskräften.[1] Ihre Aufgabe bestand darin, die Patientenzimmer und die öffentlichen Bereiche in Ordnung zu halten, eine oft unangenehme Tätigkeit, die normalerweise nicht gerade glücklich macht. Doch dieses Team war erfolgreich, und seine Mitglieder liebten ihren Job. Ihr Geheimnis? Statt den Zweck des Teams eng als «den Patienten hinterherputzen» zu definieren, empfanden sie ihre Arbeit als wichtigen Beitrag zur Versorgung der Kranken. Das Team schuf nicht nur für die Patienten, die sich schwierigen Behandlungen unterziehen mussten, eine angenehme Umgebung. Die Reinigungskräfte haben darüber hinaus auch dafür gesorgt, dass die Patienten selbst sich besser fühlten, z. B. indem sie ihnen Taschentücher gaben, wenn sie weinten, oder ein Glas Wasser reichten, wenn ihnen übel war.

Schreiben Sie auf jede Karteikarte einen Satz, der den Zweck des jeweiligen Teams, dem Sie angehören, zusammenfasst. Fragen Sie sich: *Welchen Beitrag leistet unser Team zu den Zielen oder der Vision des Unternehmens? Welche nützlichen Informationen oder Ideen generieren wir? Was an dieser Teamarbeit genieße ich persönlich?*

Haben Sie Probleme, diese Fragen zu beantworten? Dann sprechen Sie mit anderen Teammitgliedern darüber, worin diese den Zweck des Teams sehen. Wenn Sie die Fragen dann immer noch nicht beantworten können, gibt es möglicherweise keinen Grund für die Existenz des Teams. Einige Teams hatten vielleicht in der Vergangenheit einen Zweck, den sie jedoch bereits erfüllt haben.

Bewerten Sie Ihre Teams

Nehmen Sie nun jede Karteikarte in die Hand. Beginnen Sie mit der leichtesten und arbeiten Sie sich bis zur schwierigsten vor. Die meisten werden vermutlich mit dem Team anfangen, mit dem sie am wenigsten zu tun haben, und sich dann als Letztes Gedanken über die primäre Arbeitsgruppe machen. Stellen Sie sich für jedes Team folgende Fragen:

> Brauche ich das Team für meinen Job? *Solange Sie Ihren Job nicht wechseln, werden Sie in Ihr primäres Team eingebunden bleiben müssen. Anderen Teams müssen Sie weiter angehören, weil sie Sie*

mit arbeitsrelevanten Informationen versorgen, weil Sie selbst Input geben müssen oder einfach weil Ihr Chef es verlangt.

Hilft das Team, mich meinem idealen Arbeitsleben näherzubringen? *Vielleicht motiviert es Sie oder verhilft Ihnen zu den Fertigkeiten oder den notwendigen Kontakten für die freudvolle Zukunft, die Sie sich wünschen.*

Bringt es Freude? *Macht es z. B. Spaß, auf das Ziel des Teams hinzuarbeiten?*

Bevor Sie eine Karte wieder zurück auf den Stapel legen, sollten Sie sich bewusst machen, dass es normalerweise in jedem Team, egal wie schlecht es sich zuweilen anfühlen mag, etwas Gutes gibt. Was können Sie von anderen Teammitgliedern lernen? Wem stehen Sie am nächsten, und mit wem sprechen Sie am liebsten? Welche nützliche Arbeit leisten Sie für das Team?

Sortieren Sie die Teams in zwei Stapel: Teams, mit denen Sie zufrieden sind, und Teams, die verbessert werden müssen. Erfüllt Ihr primäres Arbeitsteam Sie mit Freude, ist dies großartig, weil Sie in der Regel die meiste Zeit mit ihm verbringen. Wenn die Arbeit in einem bestimmten Projektteam Ihnen Freude macht, woran genau liegt das? Die Quelle der Freude zu kennen wird Ihnen helfen, mehr über sich selbst zu erfahren und über das, was Sie sich von Ihrer Arbeit erhoffen.

Ich würde Ihnen gerne einen Trick verraten, wie Sie den Stapel freudloser Teams loswerden können, doch für die meisten Menschen wird das kaum umsetzbar sein. Es ist jedoch möglich, Teams besser zu machen und sie zu einer Quelle größerer Freude (und weniger Frust) werden zu lassen. Konzentrieren Sie sich auf diesen Teamstapel. Meine Tipps können allerdings auch ein bereits funktionierendes Team noch optimieren. Vergessen Sie nicht: Unabhängig von Ihrer Position gibt es ein paar einfache Möglichkeiten, um die Arbeit in einem Team zu verbessern.

Verursachen Sie kein Durcheinander für Ihre Kollegen

Ein Teammitglied, das gedanklich ausgestiegen ist, kann ein mit Freude arbeitendes Team schnell in ein chaotisches verwandeln, in dem sich keiner mehr richtig engagiert. Niemand will zusätzliche Anstrengungen unternehmen, weil Teammitglieder nachlassen und unvorbereitet auftauchen. Trittbrettfahren ist toxisch für die Atmosphäre eines Teams. «Warum sollte ich hart arbeiten, wenn Soundso das nicht tut?», lautet dann gerne das Argument. Verbreitet sich diese Einstellung, bricht Chaos aus. Abgesehen von gegenseitigen Schuldzuweisungen und einer grundsätzlichen Abwehrhaltung, bereiten sich immer weniger Teammitglieder vor, und noch weniger leisten wirklich gute Arbeit. Diejenigen, die für andere einspringen und Extraarbeit erledigen, beginnen sich zu ärgern und erleiden auf lange Sicht möglicherweise ein Burnout.

Es gibt eine Erklärung dafür, warum Menschen innerlich aus Teams aussteigen. Normalerweise liegt es nicht daran, dass sie faul oder verantwortungslos sind. Haben Sie in einem Team schon einmal deswegen nicht mitgearbeitet, weil Sie dachten, die anderen seien klüger, wüssten mehr oder hätten mehr Erfahrung? Mangelndes Selbstvertrauen macht Menschen oft blind für die Bereicherung, die sie für ein Team darstellen. Häufig kann gerade das unerfahrenste Teammitglied dabei helfen, die schwierigsten Probleme zu lösen. Lassen Sie nicht zu, dass der Irrglaube, Sie hätten nichts beizutragen, Sie von der Mitwirkung im Team abhält – und dadurch der Eindruck entsteht, Sie seien nicht präsent. Helfen Sie, Vertrauen aufzubauen, indem Sie alle (einschließlich sich selbst) wissen lassen, dass Sie einen wertvollen Beitrag zu leisten haben. Werden Sie konkret und suchen

Sie nach etwas, das für Sie, das Team, andere Kollegen oder einen Kunden einen echten Unterschied bewirkt.

Vertrauen schützt Teams vor Chaos

In der heutigen schnelllebigen Arbeitswelt hilft uns gegenseitiges Vertrauen, ein Burnout zu vermeiden[2], und bewahrt uns davor, die Arbeit gedanklich mit nach Hause zu nehmen – z. B. mürrisch zu werden und ausgelaugt, wie Sie sind, Ihre Lieben zu vernachlässigen. Abgesehen davon, dass Vertrauen ein viel angenehmeres Arbeitsumfeld schafft, hilft es Teams auch, wichtige Ziele zu erreichen. Wenn in einer Gruppe großes Vertrauen herrscht, versucht jeder, das Team zu verbessern. In Gruppen mit geringem Vertrauen werden diese Anstrengungen in individuelle Ziele investiert, normalerweise auf Kosten der Gruppe.[3] Das Ergebnis: ein Team voller Streitigkeiten, das viel Zeit damit verbringt, wenig zu erreichen.

Vertrauen lässt sich in dem Moment, in dem man es braucht, nur schwer aufbauen. Warten Sie also nicht damit. Investieren Sie Zeit, um Teammitglieder außerhalb des Büros kennenzulernen. Geben Sie bereitwillig Informationen weiter, sodass andere ermutigt werden, es Ihnen gleichzutun. Weisen Sie anderen Teammitgliedern nicht voreilig die Schuld für Fehler zu, denn dadurch nimmt ihre Bereitschaft ab, diese in Zukunft einzugestehen. Sprechen Sie stattdessen offen über frühere Pannen und lernen Sie aus ihnen. Geben Sie Ihre eigenen Fehler zu. Sobald wir uns unsere Schwächen eingestehen, gehen wir nicht mehr mit uns wegen jedes kleinen Patzers so hart ins Gericht. Dies erzeugt ein viel sichereres Umfeld, in dem alle zum Wohle der Gruppe ihre eigenen Unzulänglichkeiten zugeben können.

Meinungsverschiedenheiten müssen nicht unbedingt in Chaos münden

Es ist angenehm, mit Leuten in einem Raum zu sein, die die eigene Meinung teilen. Das Problem: Wenn es keine unterschiedlichen Meinungen gibt, werden Sachverhalte wahrscheinlich nicht vollständig analysiert, und es entstehen keine fruchtbaren Diskussionen.

Unangenehm ist es, wenn das Team nicht die erwartete Leistung bringt, weil seine Mitglieder Angst hatten, einen konträren Standpunkt vorzubringen. Das wird gemeinhin als Gruppendruck bezeichnet. Teams, in denen er herrscht, leisten in der Regel weniger. Wollen Sie das bestmögliche Ergebnis erzielen, müssen Sie sich angewöhnen, mit Menschen zu sprechen, die andere Ansichten als Sie vertreten.

Forschungen zeigen, dass selbst die Mitglieder diverser Teams dazu neigen, sich auf gemeinsames Wissen zu fokussieren,[4] z. B. die Vorlieben von Kunden, vorherige Projekte und gewohnte Arbeitsweisen innerhalb des Unternehmens. Obwohl wir mit Vorliebe über Dinge sprechen, die allgemein bekannt sind, bringt jede Person auch spezifisches Fachwissen mit. Oft sind es solche Informationsdetails, die sich für ein effektives Team als entscheidend erweisen.[5] Jedes Teammitglied kann seinen Beitrag leisten, indem es seine einzigartigen Erfahrungen, seine Ideen, sein Wissen und seine Fähigkeiten einbringt.

Wenn Sie feststellen, dass in der Gruppe zu große Einigkeit in Bezug auf Ideen herrscht, übertragen Sie jemandem die Aufgabe, des Teufels Advokat zu spielen. In dieser Rolle fällt es leichter, Ideen anderer Teammitglieder abzulehnen und auf bisher übersehene Perspektiven hinzuweisen. Sorgen Sie dafür, dass andere diese Rolle ausprobieren können. Dadurch werden neue Sichtweisen eingebracht – denn es macht keinen Spaß, immer der Skeptiker zu sein.

Herrscht dann immer noch zu große inhaltliche Einigkeit, sollten Sie eins vermeiden: Brainstorming – etwas, das Teams oft tun. In Brainstormings erzeugte Ideen halten nur selten, was sie versprechen. Das liegt daran, dass in den entsprechenden Sitzungen die Entstehung mit der Bewertung der Ideen zusammenfällt. Obwohl mit dieser Methode eine sichere, respektvolle Atmosphäre geschaffen werden soll, in der jeder Ideen einbringen kann, wird ein Vorschlag häufig wieder verworfen, bevor er überhaupt die Chance hatte, sich zu konkretisieren. Und so wundert es nicht, dass manche Leute lieber schweigen, nachdem sie mehrfach beobachtet haben, wie die Ideen anderer abgeschmettert wurden. Außerdem ist es schwer, Kritik an unseren Ideen nicht persönlich zu nehmen.

Schlagen Sie vor, Brainstorming durch Brainwriting[6] zu ersetzen – die schriftliche Ideenfindung innerhalb einer Gruppe. Diese Stillarbeit kann denselben Nutzen haben wie Brainstorming, jedoch ohne seine negativen Seiten. So können Ideen entstehen, ohne gleich bewertet zu werden. Die Umsetzung ist leicht: Bitten Sie die Teammitglieder, ihre Ideen auf Karteikarten zu schreiben. Nach einer Phase der Ideenfindung (normalerweise etwa eine Viertelstunde) übernimmt ein Teammitglied die Aufgabe, ähnliche Ideen zusammenzufassen. Jede Idee wird dann anonym dem gesamten Team vorgestellt und bewertet.

Schaffen Sie Konflikte aus der Welt

Wenn es in einem Team aufgrund von persönlichen Differenzen oder aus politischen Gründen zu viele Konflikte gibt, kann dies sowohl dem Team als Ganzem als auch seinen Mitgliedern beträchtlichen Schaden zufügen. Niemand möchte die Zielscheibe von Streitigkeiten und persönlichen Angriffen oder auch nur deren Zeuge sein. Womit wir beim Thema freudlose Umgebung wären!

Hüten Sie sich davor, sich in die Dramen anderer Leute hineinziehen zu lassen. Meiden Sie Tratsch und Klatsch und sprechen Sie nicht negativ über andere. Sitzen Sie nicht dem Irrglauben auf, dass eine echte und nachhaltige Bindung entsteht, wenn Sie mit Kollegen über Dritte lästern. Jede Vertrautheit, die auf diese Weise entsteht, ist falsch, von kurzer Dauer und Ihrer Integrität abträglich.

Erkennen Sie, dass es kein Zeichen von Antipathie oder Bösartigkeit ist, wenn jemand Ihre Ideen in Frage stellt. Ich weiß, das ist schwer. Unser Stolz und unsere Unsicherheit können dazu führen, dass wir wenig schmeichelhafte Kommentare zu unseren Ideen als persönlichen Angriff empfinden – selbst wenn keinerlei böse Absicht dahintersteckt. Hat das Team zuvor an einer vertrauensvollen Atmosphäre gearbeitet, ist es davor gefeiter. Vertrauen verwandelt Meinungsverschiedenheiten in produktive Gespräche und hilft uns, besser mit Kritik umzugehen.[7]

Räumen Sie das Chaos auf, das Sie angerichtet haben, indem Sie persönliche Konflikte lösen. Manchmal müssen Sie einen Schritt auf den anderen zugehen, um reinen Tisch zu machen. Ich weiß, wie schwer es sein kann, jemanden anzusprechen und zu sagen: «Ich fände es schön, wenn wir gute Kollegen wären und uns gegenseitig unterstützen würden. Ich habe mich nicht entsprechend verhalten, und das tut mir leid.» In den meisten Fällen wird die andere Person das als Zeichen Ihres guten Willens deuten und diesen erwidern. Falls nicht, ist sie vielleicht das, was Forscher als egozentrisch[8] bezeichnen: Sie hat einen starken individualistischen Fokus, der sie für Ihre Geste blind macht. Versuchen Sie es ein weiteres Mal. Bringen Sie dabei Ihren Wunsch nach Überwindung früherer Differenzen noch deutlicher zum Ausdruck.

Große Teams sind oft chaotisch

In großen Teams herrscht oft großes Chaos. Forschungen zeigen, dass größere Teams weniger befriedigend sind als kleinere. Hat ein Team sehr viele Mitglieder, überschneidet sich möglicherweise das, was sie jeweils beitragen können. Das erhöht die Wahrscheinlichkeit, dass Teams chaotisch und unorganisiert werden. In einem großen Team ist es außerdem schwierig, sich von den anderen abzuheben und die Bedeutung der eigenen Arbeit zu erkennen.

Größere Teams arbeiten auch fast immer langsamer. Innerhalb einer großen Gruppe zu einem Konsens zu gelangen nimmt viel Zeit in Anspruch und ist manchmal gar nicht möglich. Amazon-CEO Jeff Bezos orientiert sich an der «Zwei-Pizzen-Regel» – kein Team sollte so groß sein, dass mehr als zwei Pizzen nötig sind, um es satt zu machen. Die Forschung bestätigt Bezos' Faustregel. Studien haben ergeben, dass eine Größe von vier bis sechs Mitgliedern für die meisten Teams optimal ist, um Ideen zu generieren, Entscheidungen zu treffen oder Neuerungen einzuführen.[9] Mehr als neun Leute machen ein Team ineffektiv.

Obwohl es normalerweise die Aufgabe des Teamleiters ist, die Teamgröße festzulegen, kann es für jeden von Vorteil sein, die Nachteile größerer Teams zu kennen. Gehören Sie zu einem größeren Team, schlagen Sie vor, kleinere Arbeitsgruppen zu bilden. Empfehlen Sie nicht voreilig, andere Kollegen mit einzubinden, wenn diese keine zusätzlichen Impulse geben können.

Und wenn Sie selbst die Leitung haben, versuchen Sie, kleine Teams zu bilden.

KonMaris Geheimnis: So stellen Sie ein begeistertes Team auf

Freude bei der Arbeit ist auch dem KonMari-Team wichtig. Unser erster Schritt besteht darin, für jedes Teammitglied herauszufinden, was ihm Freude bereitet, und die Aufgaben entsprechend aufzuteilen. Unsere Chefassistentin Kay liebt es z. B., Aufgaben in Excel zu verwalten und zu systematisieren. Sie kann gut mit dringlichen Details umgehen, sodass wir sie immer ihr überlassen. Kay gehört zu den Menschen, die umso energiegeladener werden, je mehr sie arbeiten.

Jocelyn, unsere Community-Managerin, will unbedingt gesellschaftlich etwas bewegen. Anstatt mich also im Gespräch mit ihr darauf zu fokussieren, wie wir die Anzahl unserer Follower erhöhen können, bespreche ich mit ihr, inwiefern unsere Arbeit die Welt zu einem besseren Ort macht.

Andrea liebt es, Klienten glücklich zu machen. Deswegen übernimmt sie die Kommunikation mit unseren Kunden. Unsere wöchentlichen Meetings bieten ihr die Möglichkeit zu berichten, was sie im Lauf der Woche getan hat, um das umzusetzen – der sogenannte Wow-Moment. Das steigert immer wieder die Motivation des Teams.

Meinen Ehemann Takumi macht es hingegen glücklich, mit anderen zu interagieren und ein Arbeitsumfeld zu schaffen, in dem jeder seine Stärken entfalten kann. Er ist derzeit für das Teammanagement verantwortlich, fungiert aber auch als mein Produzent. Dieser Job passt so perfekt zu ihm, dass er seine Berufung sein muss.

Wenn wir unsere Arbeit genießen und produktiv sein wollen, ist es wichtig, unsere Leidenschaften zu kennen, den anderen

im Team davon zu erzählen und zu wissen, was ihnen Freude macht.
M. K.

Obwohl Teams eine Quelle der Freude sein können, bleiben sie häufig hinter diesem Anspruch zurück. Machen Sie sich klar, dass alle Mitglieder für den Erfolg eines Teams verantwortlich sind – unabhängig von ihrer Position, der Länge ihrer Betriebszugehörigkeit oder ihrem Dienstalter – und dass es ein Privileg ist, seine Arbeit zu genießen. Tun Sie Ihr Bestes, um Ordnung in Teams zu schaffen, und Sie werden nicht nur sich selbst, sondern auch allen anderen in der Gruppe Freude bereiten.

KAPITEL 10

Die Magie des Aufräumens teilen

Scott Sonenshein

Vielleicht fragen Sie sich, warum Sie Ihren Schreibtisch in Schuss halten sollen, wenn im Gemeinschaftsraum nebenan das Chaos herrscht, oder wozu Sie Ihren Terminkalender aufräumen sollen, wenn es in Ihrem Unternehmen gang und gäbe ist, dass andere ihn wieder vollpacken. Und in einer Firma von E-Mail-Junkies Ordnung im Posteingang zu halten ist selbst für die entschlossensten digitalen Aufräumer eine echte Herausforderung. Aber sehen Sie es einmal so: Mit der Ordnung, die Sie in Ihrem Arbeitsleben geschaffen haben, haben Sie etwas für sich erreicht, das über einen aufgeräumten Schreibtisch, einen strukturierten Terminkalender oder ein übersichtliches E-Mail-Postfach weit hinausgeht. Sie haben die Kontrolle über Ihre Arbeit wiedererlangt. Was ist nun also der nächste Schritt?

Die Magie des Aufräumens mit anderen zu teilen!

Solange wir selbst keine Führungskraft sind, reden wir uns gern ein, ohnehin nichts ändern zu können, und kritisieren für das Arbeitschaos gerne die Führungsebene – und in einigen Fällen trägt der Chef tatsächlich einen guten Teil dazu bei. Aber anstatt von der Seitenlinie aus zuzuschauen, sollten wir den Fokus lieber darauf richten, was wir tun können, um es besser zu machen.

Schon kleine Maßnahmen können innerhalb eines Unternehmens überraschend große Veränderungen bewirken. Glauben Sie nie, Sie oder Ihre Position wären nicht wichtig genug, um etwas zu verändern. Sie sind wichtig genug! Sie müssen nur realistisch bleiben. Eine Unternehmenskultur ändert man nicht einfach so über Nacht, aber Sie können dazu beitragen, dass sich das Glücksgefühl des Aufräumens nach und nach ausbreitet.

Andere zum Aufräumen inspirieren

Früher herrschte in meinem Büro Chaos ... ein gewaltiges Chaos. Ich hatte viel zu viele Bücher, selbst für einen Professor. Die meisten davon hatte ich seit Jahren nicht mehr in der Hand. Die Stapel mit Forschungsarbeiten türmten sich so hoch, dass sie mir die Sicht versperrten, und meine Schreibtischschublade glich einem schlecht sortierten Gemischtwarenladen – Snacks, die ihre beste Zeit längst hinter sich hatten, uralte, noch originalverpackte Büroartikel und ein mysteriöser Schlüssel, von dem ich bis heute nicht weiß, was sich damit öffnen lässt.

Die Motivation, meinen Schreibtisch aufzuräumen, hielt sich immer sehr in Grenzen, bis ich mein erstes Buch *Stretch* veröffentlichte und viele mich daraufhin fragten, wie meine Arbeit mit der KonMari-Methode zusammenhing. Um ehrlich zu sein, überraschte mich die Frage zuerst. In meinem Buch hatte ich dargelegt, dass es sowohl der Kreativität als auch der Arbeitsleistung – und damit dem Leben ganz allgemein – förderlich ist, wenn man aus dem, was man bereits hat, versucht das Beste zu machen. Ich wusste, dass Marie eine hochgelobte Autorin und Aufräumexpertin war. Aber wie sollte eine Methode, die den Leuten beibrachte, ihre Häuser oder Wohnungen aufzuräumen, Menschen zu Erfolg und Zufriedenheit am Arbeitsplatz verhelfen?

Als die Zeitschrift *Well + Good* 2017 ihre Liste der zehn lesenswertesten Bücher veröffentlichte, wurde *Stretch* als «Marie Kondo für Fortgeschrittene» bezeichnet. Neugierig geworden, aber immer noch skeptisch, entschied ich mich, ihre Methode in meinem eigenen Büro auszuprobieren und aufzuräumen. Im Selbstversuch erlebte ich die gewaltigen Veränderungen, die diese Methode bewirkt, und mir wurde bewusst, dass es dabei vielmehr um einen Prozess der Selbsterkenntnis geht als um das eigentliche Aufräumen. Ein ordentlicher Raum sticht ins Auge und bringt andere dazu, ebenfalls Ordnung zu halten. Viel entscheidender ist jedoch die Tatsache, dass man beim Aufräumen etwas über sich selbst erfährt und es einen dem Leben, das man sich wünscht, näherbringt.

Meine Kollegen waren völlig von den Socken, als sie mein aufgeräumtes Büro sahen. «Wow, was ist denn hier passiert?», wollten sie wissen. «Dein Büro sieht ja phantastisch aus!» Und dann wollten auch sie einen Ort ausschließlich mit Dingen, die sie glücklich machten. Anderen die Vorzüge eines aufgeräumten Büros zu vermitteln war aber nur der Anfang. Ich hatte größere Ziele. Ich wollte, dass die Leute alle Aspekte ihrer Arbeit aufräumten.

Und genau das ist der Punkt, an dem auch Sie anderen helfen können. Natürlich können Sie niemanden zwingen aufzuräumen. Aber Sie können andere inspirieren, indem Sie Ihre Erfolge teilen. Laden Sie Ihre Kollegen ein, sich Ihren Arbeitsplatz anzuschauen. Reden Sie darüber, wie Sie Ihr E-Mail-Postfach und Ihren Terminkalender aufgeräumt haben. Zeigen Sie Ihr Smartphone-Display und den Desktop Ihres Computers. Erzählen Sie den Leuten, wie Sie es schaffen, sich nicht in zu vielen Entscheidungen zu verzetteln. Knüpfen Sie weiterhin wertvolle Kontakte, und motivieren Sie andere, es Ihnen gleichzutun. Erklären Sie höflich, weshalb Sie sich in Meetings eine Tagesordnung wünschen und wie diese Ihrer Meinung nach aussehen sollte.

Gehen Sie, wenn möglich, noch einen Schritt weiter, und schlagen Sie der Firmenleitung einen Aufräumtag vor, an dem jeder im Büro die Gelegenheit bekommt, Änderungen an seinem Arbeitsplatz vorzunehmen. Werben Sie dafür, an einem Tag in der Woche sämtliche Meetings, außer den wirklich wichtigen, zu canceln und unverzichtbare Besprechungen so kurz wie möglich zu halten. Nutzen Sie die eingesparte Zeit, um etwas zu arbeiten, das Ihnen Freude bereitet. Legen Sie täglich eine Stunde fest, in der keiner in der Firma E-Mails beantwortet. Das wird allen eine kurze Auszeit von den permanenten Unterbrechungen verschaffen. Gründen Sie eine «Solidargemeinschaft der Arbeitsplatzaufräumer», tauschen Sie Ihre neuesten Techniken aus und motivieren Sie sich gegenseitig dranzubleiben.

Zeigen Sie, dass Ihnen Ihr Arbeitsplatz wichtig ist

Machen Sie es wie die meisten Menschen und gehen an einem Stück Papier, das auf dem Boden liegt, vorüber, ohne es aufzuheben? Lassen Sie schmutziges Geschirr im Pausenraum einfach stehen? Kommen Sie hin und wieder in einen Besprechungsraum, und das Whiteboard ist nicht gewischt? Diese Art von Unordnung ist für sich genommen nicht weiter schlimm, zeigt jedoch einen Mangel an Sorgfalt.

Kleine Durcheinander summieren sich und wachsen mit der Zeit zu größeren heran. Eine Studie, in der Forscher einen aufgeräumten mit einem unaufgeräumten Arbeitsraum verglichen haben, hat gezeigt, dass in einem unaufgeräumten Raum schon nach kürzester Zeit dreimal mehr Kram herumliegt als in einem aufgeräumten.[1] Ist die Grenze zur Unordnung einmal überschritten, fällt es sehr viel leichter, immer noch mehr Dinge anzuhäufen – eine Regel, die für so ziemlich jeden Aspekt des Arbeitslebens gilt. Bestellen wir beispielsweise viel zu viele Leute zu einem Meeting ein oder verschicken wir eine übermäßige Anzahl von E-Mails, dauert es meist nicht lange, bis andere ebenfalls ihren Teil dazu beitragen und das Chaos noch vergrößern.

Mein Vater war Geschäftsmann und Besitzer eines Motels, und als Jugendlicher habe ich in den Sommerferien immer ein paar Tage für ihn gearbeitet. Während wir im Motel herumliefen, hat er von den Fluren unablässig Müll aufgelesen. Eines Tages fragte ich ihn, warum er sich die Mühe mache, wo er doch der Boss sei und genügend Putzpersonal hätte. «Sich um das Motel zu kümmern ist jedermanns Job», erklärte er mir. «Von der Putzfrau bis zum Chef.» Seine Lektion, dass jeder Einzelne zählt, begleitet mich bis heute.

Setzen Sie sich nicht unnötigem Druck aus, weil Sie glauben, für die Firma verantwortlich zu sein. Das sind Sie nicht. Aber fragen Sie sich: *Mit welchen kleinen Dingen kann ich zeigen, dass mir mein Arbeitsplatz wichtig ist?* Das kann etwas so Simples sein, wie gelegentlich in der Büroküche einen schmutzigen Teller abzuwaschen. Was können Sie sagen, wenn ein Meeting ins Chaos abdriftet – zu viele Nebenschauplätze, zu viel Selbstbeweihräucherung –, um wieder aufs Thema zurückzukommen? Wie können Sie einen E-Mail-Wechsel, der außer Kontrolle geraten ist, wieder beschränken?

Wertschätzen Sie Ihre Kollegen

Durch das Aufräumen haben Sie gelernt, wie zentral es ist, Dinge, die einem im Leben wichtig sind, mit Sorgfalt zu behandeln. Dies gilt natürlich umso mehr für die Menschen, mit denen wir arbeiten. Viel zu oft nehmen wir unsere Kollegen (und sie uns) für selbstverständlich. Dabei sind ihre Bemühungen und Arbeitsbeiträge und alles, was sie für das Unternehmen leisten, ohne Frage auch für unsere Erfolge und Zufriedenheit von Bedeutung. Wir vergessen leicht, dass auch Menschen, die wir vielleicht auszubooten versuchen oder mit denen wir uns um Ressourcen streiten, trotz allem unseren Respekt verdienen. Behandeln wir diese Menschen respektvoll, haben wir gute Chancen, ebenfalls respektvoll behandelt zu werden – wovon am Ende alle profitieren.

Wissen Sie Ihre Kollegen wirklich zu schätzen? Auf einer Skala von 1 bis 5 (1 = nie, 2 = selten, 3 = manchmal, 4 = oft, 5 = immer), wie häufig

	bedanken Sie sich bei anderen,
	zeigen Sie für wichtige Beiträge Ihre Anerkennung,
	ermutigen Sie Kollegen, authentisch zu sein, und geben ihnen den nötigen Raum,
	gewähren Sie einen Vertrauensvorschuss,
	zeigen Sie anderen Ihren Respekt?
	Gesamtergebnis

Kommen Sie beim Zusammenzählen auf weniger als 20 Punkte, sollten Sie noch an sich arbeiten. Zeigen Sie anderen Ihre Wertschätzung, hören Sie ihnen zu und sprechen Sie unvoreingenommen mit ihnen. Sehen Sie in jedem, mit dem Sie es zu tun haben, einen Menschen, der Ihren Respekt und Ihre Anerkennung verdient. Macht, Status, Geld, Ruhm oder Vermögen sollten im Umgang mit unseren Mitmenschen keine Rolle spielen. Tragen Sie dazu bei, ein respektvolles Arbeitsumfeld zu schaffen, und leben Sie eine der wichtigsten Lehren des Aufräumens: Zeigen Sie Dankbarkeit.

Aber verwechseln Sie eventuelle Vergünstigungen Ihres Arbeitgebers nicht mit Dankbarkeit. Als ich noch bei einem Startup-Unternehmen im Silicon Valley arbeitete, bekamen wir dort regelmäßig ein kostenloses Frühstück und Abendessen. Zuerst dachte ich, das wäre eine wunderbare Art, den Mitarbeitern für ihren Einsatz zu danken – jeden Abend wartete ich gespannt, was wohl an diesem Tag auf dem Speiseplan stand. Mit der Zeit wurde mir jedoch klar, dass diese Aufmerksamkeit allein dazu diente, unsere Arbeitstage in die Länge zu ziehen. Weil ich wusste, dass ein Abendessen auf mich wartete, arbeitete ich oft länger und opferte dafür meine Abende und sogar meinen Schlaf.

Ich höre Arbeitnehmer oft über mangelnde Anerkennung im Job klagen.

Diese Menschen sind nicht auf kostenlose Abendessen oder Werbegeschenke aus – sie wollen, dass ihre Arbeit Wertschätzung erfährt, dass man sie zu einem gut gemachten Job beglückwünscht oder sich für Extraarbeit und die dafür geopferte Familienzeit bedankt. Tragen Sie Ihren Teil zu einer Wertschätzungskultur bei, indem Sie Ihren Kollegen für deren Leistungen aufrichtig danken, egal, ob Sie nun der Chef sind oder das kleinste Rädchen im Getriebe.

Eine aktuelle Befragung von 2000 Amerikanern hat ergeben, dass die meisten Menschen davon überzeugt sind, einen Kollegen glücklicher und zufriedener zu machen, wenn sie diesem ihre Anerkennung und Dankbarkeit aussprechen.[2] Dieselbe Studie hat jedoch auch erbracht, dass an einem gewöhnlichen Tag tatsächlich nur zehn Prozent aller Angestellten ihre Dankbarkeit gegenüber einem Kollegen zum Ausdruck bringen. Das hat zur Folge, dass viele Leistungen – große und kleine – unbemerkt und unkommentiert bleiben, obwohl Anerkennung jedem, egal ob er sie nun bekommt oder zeigt, Freude bereitet. Forschungen haben ebenfalls ergeben, dass Angestellte, denen man Anerkennung zollt, engagierter arbeiten und Kollegen gerne unter die Arme greifen.[3]

Echte Dankbarkeit zu zeigen erfordert nur wenig Zeit und kostet so gut wie nichts. Eine Firma mit 1500 Angestellten, die T-Shirts und andere Artikel auf Bestellung herstellt, hat dazu «WOWs» eingeführt, mit denen jeder seine Anerkennung für die Arbeit anderer Mitarbeiter zum Ausdruck bringen kann. Wer einem Kollegen seine Wertschätzung zeigen will, sei es für eine scheinbare Kleinigkeit (ein Dankeschön für den Extraaufwand für Kunden) oder für einen wesentlichen Meilenstein (wie den erfolgreichen Abschluss eines großen Projekts), schickt ihm einfach ein WOW. Wichtig dabei ist, dass es ein spezifisches WOW ist. Dadurch macht man deutlich, dass es ernst gemeint ist und man die Leistung wirklich wahrgenommen hat.

Falls Sie in Ihrer Firma kein solches System haben, um anderen auf unkomplizierte Weise Anerkennung zu zollen, tun Sie es auf Ihre Art. Die Menschen, mit denen wir arbeiten, erbringen so viele tolle Leistungen, die im Arbeitsalltag oft völlig untergehen. Halten Sie inne, und schauen Sie sich einmal richtig um.

Wann haben Sie einem Kollegen das letzte Mal Ihren aufrichtigen Dank ausgesprochen? Bedanken Sie sich nach einer Besprechung bei jedem für seine Teilnahme, und erwähnen Sie, wie wertvoll sein Beitrag war. Loben Sie die Mitarbeit an Projekten, auch vor anderen, und machen Sie Komplimente.

Erzählen Sie Ihren Kollegen von Ihren Aufräumerfahrungen und machen Sie auch andere in Ihrem Büro glücklicher. Bringen Sie allen, die sich dafür interessieren, Ihre Methoden bei. Erzählen Sie jedem, wie das Aufräumen Ihre Arbeit und Ihr Leben verändert hat, und schon bald werden andere ihr Leben ebenfalls ändern wollen.

Am Ende des Buches angelangt, wird Marie Ihnen ein paar letzte Tipps geben, wie Sie noch mehr Freude in Ihren Arbeitsalltag bringen, und Ihnen darlegen, wie auch sie selbst mit kleinen Dingen große Veränderungen in ihrem Arbeitsleben bewirken konnte.

KAPITEL 11

Wie Sie noch mehr Freude in Ihren Arbeitsalltag bringen

Wir haben in diesem Buch ein breites Spektrum an Themen abgedeckt, u.a., wie man sein Büro aufräumt und Ordnung in seine digitalen Daten, Zeitplanung, Entscheidungsfindungen, Netzwerke, Meetings und Teams bringt. In diesem letzten Kapitel möchte ich nun ein paar Punkte ansprechen, die ich mir bei der Arbeit immer wieder vor Augen führe. Das sind zum einen Dinge, die ich persönlich tue, um mehr Freude an der Arbeit zu haben, zum anderen sind es Verhaltensweisen, die ich von anderen gelernt habe und die ich gerne in meine Arbeit einbeziehe.

Ein sorgfältiger Umgang mit den Dingen, für die wir uns entschieden haben, verbessert die Arbeitsleistung

Als ich noch bei der Personalagentur arbeitete, war das Erste, was ich tat, wenn ich morgens ins Büro kam, meinen Arbeitsplatz zu putzen. Ich stellte meine Tasche ab, nahm meinen Lieblingsstaublappen aus der Schublade und machte die Arbeitsplatte meines Schreibtisches sauber. Dann habe ich Laptop, Tastatur und Maus herausgeholt und mich, während ich alles kurz mit dem Lappen abwischte, auf den kurzen Satz konzentriert: *Auf dass es heute wieder ein großartiger Arbeitstag werde!* Ich habe auch das Telefon abgestaubt und mich bei ihm für die wunderbaren Dienste bedankt, die es mir bescherte.

Montag war Großputztag. Das heißt, ich habe auf allen vieren die Stuhlbeine abgestaubt und bin sogar unter den Schreibtisch gekrabbelt, um die Kabel zu putzen. Das klingt nach einer Menge Arbeit, hat aber alles in allem nicht länger als eine Minute gedauert. Trotzdem sah mein Schreibtischbereich danach sauber und ordentlich aus – eine andere Welt. Die Atmosphäre war sofort angenehmer, und es fiel mir leichter, mich an die Arbeit zu machen. Während meine Hände mit Putzen beschäftigt waren, bekam ich den Kopf frei, wodurch dieser Teil des Tages zu einer kurzen Meditation für mich wurde, ein Ritual, bei dem ich in den Arbeitsmodus umschalten konnte.

Je länger ich dieses tägliche Putzen praktizierte, umso besser wurden meine Leistungen. Meine Umsatzzahlen stiegen, und ich schloss mehr Verträge ab. Das klingt vielleicht ein bisschen zu schön, um wahr zu sein, aber bei unseren Quartalstreffen wurde ich aufgrund meiner besseren Leistungen definitiv sehr viel häufiger erwähnt. Inzwischen könnte ich unzählige Beispiele nennen, bei denen ein sorgfältiger Umgang mit den Gegenständen, die man verwendet, zu besseren Leistungen geführt hat. Viele meiner Klienten berichteten mir, nachdem sie ebenfalls angefangen hatten, zu Beginn des Tages ihren Arbeitsplatz zu putzen, wären ihre Projektvorschläge häufiger angenommen worden und ihre Verkaufszahlen gestiegen.

Ich habe lange darüber nachgedacht, warum das so ist, und kam zu folgendem Schluss: Damit wir unseren Schreibtisch morgens abwischen können, muss er ordentlich aufgeräumt sein, und ein ordentlicher Schreibtisch bedeutet, dass wir nach unseren Dokumenten weder lange suchen, noch lange überlegen müssen, wohin damit, wenn wir fertig sind. Das wiederum steigert unsere Arbeitseffizienz. Hinzu kommt, dass es ein gutes Gefühl ist, in einer ordentlichen Umgebung zu arbeiten. Wir denken positiver, sind kreativer, und die Ideen können sprudeln. Aber das Wichtigste, denke ich, ist, dass wir, wenn wir unsere Arbeitsutensilien mit Sorgfalt behandeln, eine ganz andere Einstellung zeigen. Unsere Haltung und das Verhalten gegenüber Kunden und Kollegen verändert sich, und das führt automatisch zu besseren Resultaten.

Wenn wir mit Dingen, die zu behalten wir uns entschieden haben, sorgsam umgehen, geben sie uns positive Energie zurück. Meine jahrelange Erfahrung hat mich zu der Überzeugung gebracht, dass jeder Ort, an dem Gegenständen Respekt und Dankbarkeit entgegengebracht wird, sei es nun ein Zuhause oder ein Büro, zu einem Ort der Entspannung und Inspiration wird.

Um einen Arbeitsplatz in einen Ort der Inspiration zu verwandeln, der permanent positive Energie erzeugt, müssen wir ihn sauber halten. Ich persönlich benutze dazu gerne meine Lieblingsstaubtücher oder parfümierte Putztücher, weil sie das Putzen zu einer lieben Gewohnheit machen. Vergessen Sie nicht, während des Putzens den Gegenständen, die Sie tagtäglich benutzen, zu danken. Bedanken Sie sich bei jedem Gegenstand, dass er Ihnen dabei hilft, Ihre Arbeit zu tun, bevor Sie ihn zurück an seinen Platz stellen.

Im Idealfall halten Sie Ihre Dankbarkeit über den gesamten Tag hinweg aufrecht, angefangen damit, dass Sie gleich morgens für alles dankbar sind, was Ihnen ein reibungsloses Arbeiten ermöglicht. Wenn Ihnen das schwerfällt, ist es natürlich völlig in Ordnung, dankbar zu sein, wann immer es Ihnen in den Sinn kommt. Eine meiner Klientinnen hatte da eine großartige Idee. Sie schrieb «Danke für alles!» auf einen hübschen Klebestreifen und heftete ihn an den Rand ihres Computerbildschirms. Er erinnert sie daran, den Dingen, die ihr helfen, ihren Job zu erledigen, dankbar zu sein.

Glauben Sie mir, die Wirkung, die Sie durch eine solche Wertschätzung Ihrer Arbeitsutensilien erzielen, ist phänomenal. Warum verwandeln Sie Ihren Arbeitsplatz nicht auch in einen Ort der Inspiration?

Mehr Freude am Arbeitsplatz

«Betrachte es nicht als Aufräumen, betrachte es als Raumgestaltung.» Diesen Satz hat die Mutter einer Freundin einmal zu ihr gesagt, als diese sich darüber beklagte, dass sie aufräumen sollte. Was für eine großartige Sichtweise. Sobald wir uns einreden, dass wir aufräumen *müssen*, wird es zur lästigen Pflicht. Betrachten wir das Aufräumen als kreative Tätigkeit, durch die wir unseren Arbeitsplatz freudvoller gestalten, erledigen wir es mit Begeisterung.

Denken Sie also nicht an «Aufräumen», wenn Sie Ihren Arbeitsplatz in Angriff nehmen, sondern sagen Sie sich, dass Sie sich einen Ort schaffen, an dem Sie mit Freude arbeiten können. Denn letztlich tun Sie, wenn Sie aufräumen, ja nichts anderes. Sie gestalten und verschönern einen Raum, insbesondere dann, wenn Sie nach dem Saubermachen noch persönliche Akzente setzen. Überlegen Sie, wie Ihre idealen Arbeitsbedingungen aussehen und was Sie tun können, damit Ihr Arbeitsplatz Ihr Herz höherschlagen lässt.

Nehmen wir z.B. Stifte. Vielen meiner Klienten ist erst beim Aufräumen aufgefallen, dass sie ausschließlich mit billigen Werbegeschenken schreiben. Nutzen Sie die Gelegenheit, sich Stifte auszusuchen, die Sie glücklich machen. Aber nicht nur Stifte sollten Ihnen Freude bereiten. Achten Sie bei allem, was Sie für Ihre tägliche Arbeit brauchen, wie Stiftehalter, Schere oder Klebeband, darauf, dass Ihnen die Sachen wirklich richtig gut gefallen, bevor Sie sich entscheiden, sie zu kaufen. Selbst wenn Sie am liebsten alles direkt durch attraktivere Gegenstände ersetzen würden, ist es besser, sich Zeit zu lassen. Anstatt loszurennen und einen Haufen neuer Sachen zu kaufen, mit denen Sie dann *nur* zufrieden sind, rate ich Ihnen, so lange zu suchen, bis Sie etwas gefunden haben, das Ihnen echte Freude bereitet, wenn Sie es ansehen oder anfassen.

Legen Sie sich außerdem ein paar Dinge zu, die einfach nur Freude machen, ohne, dass Sie sie für die Arbeit brauchen. Ich nenne das das «Freude-plus-Prinzip». Ein Freude-plus-Objekt kann alles sein, was Ihre Stimmung hebt – ein Foto, eine Postkarte oder eine Pflanze, die Sie besonders gerne mögen. Ich beispielsweise lege einen Kristall auf meinen Schreibtisch. Nicht nur, weil er glitzert und meinen Arbeitsplatz verschönert, sondern auch weil ich das Gefühl habe, dass er die Atmosphäre reinigt und inspirierend auf mein Denken wirkt.

Das wahrscheinlich ungewöhnlichste Freude-plus-Objekt, das mir während meiner Beraterinnentätigkeit untergekommen ist, war wohl ein Zahnputzset. Es gehörte einem Firmenchef, der es auf seinem Schreibtisch stehen hatte. Als Aufräumexpertin hatte ich zwar schon einiges gesehen, aber die Zahnbürsten waren so befremdlich, dass ich ihn danach fragen musste. «Wenn die Leute sehen, dass ich meine Zähne putze, sprechen sie mich nicht an, auch dann nicht, wenn ich am Schreibtisch sitze», erklärte er mir. «Das ist ziemlich praktisch, wenn ich mich konzentrieren will, weil mich keiner unterbricht.» Allein der Anblick des Zahnputzsets auf seinem Schreibtisch machte ihn glücklich und gab ihm ein Gefühl der Sicherheit.

Natürlich ist dieses Beispiel ein eher außergewöhnlicher Fall. Die Firma war sehr klein, sie hatte nur zwei Angestellte, und der Waschraum befand sich direkt hinter dem Arbeitsplatz des Firmenchefs. Entscheidend ist letztlich, dass man seinen Schreibtisch mit etwas verschönert, das einem Freude bereitet, ganz gleich, was es ist.

Wo wir gerade vom Schreibtischdekorieren sprechen: Seit ich in den Vereinigten Staaten arbeite, fällt mir auf, dass Amerikaner sehr viel mehr Freude-plus-Objekte an ihrem Arbeitsplatz haben als Japaner. Während Japaner bei der Arbeit nur ungern persönliche Dinge zeigen, ist es für Amerikaner normal, ein Hochzeitsfoto oder eine Pflanze auf ihren Schreibtisch zu stellen. In einigen Büros habe ich sogar Modellflugzeuge und Heliumballons gesehen. Obwohl mich das anfangs irritierte, wurde mir schnell klar, wie wichtig es ist, etwas Aufmunterndes in seiner Nähe zu haben.

Von allen Büros, die ich in Amerika besucht habe, war das von Airb'n'b in San Francisco, dessen Räumlichkeiten die Kreativität der Angestellten und einen offenen Austausch fördern sollten, der absolute Spitzenreiter in Sachen Verspieltheit. Den Angestellten stehen zahlreiche kleine Zimmer zur Verfügung, in denen sie entweder in Ruhe alleine arbeiten oder Besprechungen in kleiner Runde abhalten können. Die Inneneinrichtung dieser Räume ist von unterschiedlichen Orten auf der ganzen Welt inspiriert wie Paris, Sydney oder London. Von der Authentizität und Detailtreue des Japan-Zimmers war ich ziemlich beeindruckt. Es war einem *Inzakaya*, einer Kneipe im Stil der 1950er-Jahre, perfekt nachempfunden, inklusive roter Papierlaterne, *Noren*-Vorhang vor dem Eingang und diversen Retrogegenständen. Natürlich zielte nicht nur die Inneneinrichtung darauf ab, Freude zu verbreiten, sondern der Entwurf des gesamten Gebäudes. Aber auch wenn Ihre Firma nicht in einem solchen Gebäude untergebracht ist, können Sie mit einfachen Mitteln dafür sorgen, dass Ihr persönlicher Arbeitsbereich Sie glücklich macht.

Hier ein paar Beispiele:

- Orientieren Sie die Auswahl der Gegenstände auf Ihrem Schreibtisch an einer bestimmten Farbe.
- Wählen Sie einen Film oder eine Geschichte als Thema, nach dem Sie Ihren Arbeitsplatz gestalten.
- Dekorieren Sie das Umfeld Ihres Schreibtischs mit Bildern aus dem Internet.
- Stellen Sie ein Foto auf, das freudige Erinnerungen weckt.
- Stellen Sie etwas Funkelndes, wie einen Kristall oder einen Briefbeschwerer aus Glas, auf Ihren Schreibtisch.
- Legen Sie einen gut riechenden Gegenstand auf den Schreibtisch, der Ihrem Arbeitsplatz einen besonderen Duft verleiht.
- Stellen Sie eine schöne Kerze auf.

- Benutzen Sie einen besonderen Untersetzer für Ihr Getränk.
- Ändern Sie den Hintergrund Ihres Computerdesktops entsprechend der Jahreszeit.

Und Sie? Welche Ideen haben Sie, um mehr Freude an Ihren Arbeitsplatz zu bringen? Lassen Sie Ihrer Phantasie freien Lauf und sparen Sie nicht an Freude-plus-Objekten.

Brauche ich einen neuen Job, wenn mein alter mir keine Freude bereitet?

Aufzuräumen verbessert logischerweise unsere Fähigkeit zu unterscheiden, was uns Freude bereitet und was nicht, und macht uns gegenüber sehr vielen Dingen sensibler. Ich kenne nicht wenige Menschen, die ihren Job gewechselt oder sich selbständig gemacht haben, nachdem sie ihren Arbeitsplatz aufgeräumt haben.

Wenn andere das hören, sagen sie oft: «Mir bereitet mein derzeitiger Job auch keine Freude. Soll ich kündigen und mir einen neuen suchen?» Eine dieser Klientinnen war Yu, die für einen Lebensmittelkonzern arbeitete. Nachdem sie in ihrem Zuhause und an ihrem Arbeitsplatz Ordnung geschaffen hatte, stellte sie fest, was ihr wirklich Freude bereitete: Schmuck herzustellen.

«Sie bezahlen gut bei dieser Firma», erklärte sie mir, «aber ich komme immer völlig erschöpft nach Hause. Es macht einfach keinen Spaß. Ich frage mich, ob es nicht besser wäre, mich als Schmuckdesignerin selbständig zu machen. Vielleicht sollte ich auch zu einer Firma wechseln, die Schmuck und Accessoires herstellt.»

Wenn Klienten in solchen Fragen Rat bei mir suchen, ist meine erste Reaktion immer, sie zu ermutigen, das zu tun, was ihnen Freude bereitet.

Yu hatte jedoch eher gemischte Gefühle bei der ganzen Sache. «Als selbständige Schmuckdesignerin könnte ich von meinen Einkünften nicht leben», sagte sie. «Und eine Firma, die mich wirklich anspricht, habe ich bisher nicht gefunden.»

Daraufhin schlug ich ihr vor, eine Glücksanalyse durchzuführen. Sie sollte die unterschiedlichen Aspekte ihrer Arbeit einzeln durchgehen und entscheiden, welche ihr Freude bereiteten und welche nicht. Außerdem bat ich sie, zu überlegen, auf welche dieser Aspekte sie persönlich Einfluss hatte.

Als wir uns ein paar Monate später wieder trafen, war ich erstaunt, wie anders sie aussah. Sie wirkte sehr viel entspannter und fröhlicher. Nachdem sie ihren Job neu beurteilt hätte, erzählte sie mir, hätte sie sich entschieden, ihn zu behalten. «Als ich mir überlegte, was mir keine Freude bereitet», erklärte sie mir, «stellte ich fest, dass es hauptsächlich das Pendeln zu den Hauptverkehrszeiten war, das mich stresste. Also fing ich an, eine Stunde früher zur Arbeit zu fahren. Mit einem Mal war ich morgens nicht mehr so müde und konnte sehr viel effizienter arbeiten. Ein zweiter Punkt war ein Kunde, den ich nicht ausstehen konnte. Ich nahm all meinen Mut zusammen und sprach mit meinem Chef darüber, der dann jemand anderem die Verantwortung für diesen Kunden übertrug. Indem ich die Dinge, die ich ändern konnte, verändert habe, bin ich vieles, das mir die Freude an der Arbeit verdorben hat, losgeworden. Jetzt genieße ich meinen Job. Natürlich bereitetet mir nicht alles Freude, aber mir ist klar geworden, dass für mich die beste Life-Work-Balance darin besteht, für meine Arbeit ordentlich bezahlt zu werden und meine Leidenschaft für Schmuckdesign in meiner Freizeit auszuleben.»

Wenn Sie wie Yu in Erwägung ziehen, Ihren Job zu wechseln, rate ich Ihnen, zunächst Ihre aktuelle Situation zu analysieren. Wenn wir Schwierigkeiten bei der Arbeit haben, sei es nun im Umgang mit Kollegen oder Kunden oder mit unseren Aufgaben, haben diese Probleme meist mehrere

Ursachen, und wir müssen uns mit jeder einzeln befassen. Was bereitet Ihnen aktuell Freude an Ihrer Arbeit und was nicht? Was können Sie ändern und was nicht? Betrachten Sie Ihre Situation und wie Sie damit umgehen, ganz objektiv, und überlegen Sie, was Sie tun müssten, um Freude bei der Arbeit zu haben. Vielleicht gibt es ja doch noch einiges, das Sie ändern können, um Ihre Arbeitssituation zu verbessern.

Ganz gleich, ob Sie am Ende beschließen, Ihren Job zu behalten, sich einen neuen zu suchen oder zu kündigen und sich selbständig zu machen – sich über die aktuelle Situation klarzuwerden und seine Möglichkeiten abzuwägen ist in jedem Fall eine ausgezeichnete Vorbereitung für den nächsten Schritt. Das habe ich durch meine Erfahrungen beim Aufräumen gelernt. Einen Schritt nach vorn zu machen bedeutet immer, etwas zurückzulassen und sich zu verabschieden. Deshalb ist es wichtig, sich mental darauf vorzubereiten. Vielleicht liegt es am Stress, der damit verbunden ist, aber wenn wir Dinge, die uns keine Freude bereiten, mit Geringschätzung behandeln, wenn wir sie einfach wegwerfen und uns sagen, dass es sich um nutzlosen Müll handelt, den wir weder brauchen noch wollen, werden wir uns ironischerweise wahrscheinlich bald wieder ähnlichen Müll kaufen und dieselben Probleme bekommen.

Denken Sie, wenn Sie beschließen, sich von etwas zu trennen, an das Gute, das es Ihnen gebracht hat, und verabschieden Sie sich in Dankbarkeit. Die positive Energie, die Sie damit auf diesen Gegenstand richten, wird neue Objekte anziehen, die Sie glücklich machen. Dasselbe gilt, wenn Sie sich entschieden haben, Ihre Arbeitsstelle zu wechseln. Denken Sie positiv und dankbar an Ihren alten Job. Machen Sie sich bewusst, dass Sie, auch wenn er vielleicht hart war, viel gelernt haben – wie wichtig es z. B. ist, im Umgang mit anderen eine gewisse Distanz zu wahren, oder dass Sie durch diesen Job herausgefunden haben, welche Art von Arbeit besser zu Ihnen passt. Diese Einstellung wird dazu führen, dass Sie einen Job finden, der für die nächste Etappe Ihres Lebens genau der richtige ist.

Bringen Sie Freude in Ihr Arbeitsleben

Von allen Menschen, die ich bisher getroffen habe, scheint mir der bekannte japanische Kalligraph und Künstler Souun Takeda derjenige zu sein, der seine Arbeit am meisten genießt. Bevor ich ihm begegnet bin, habe ich mir einen Kalligraphen immer als jemanden vorgestellt, der mit zerfurchter Stirn und ernster Miene bedächtig seinen Pinsel schwingt. Souun, der seine Arbeit aus tiefstem Herzen liebt, ist das genaue Gegenteil.

«Geburtswehen bei der Arbeit kenne ich nicht», sagt er. «Tatsächlich ist es ein bisschen wie Aufstoßen. Neue Werke kommen einfach in mir hoch, ohne dass ich wüsste, warum.» Was für eine eigenwillige und unbeschwerte Arbeitseinstellung. Souun, der heute mit 42 ein sehr produktiver und gefragter Künstler ist, wurde der Erfolg nicht in die Wiege gelegt, obwohl ihm seine Mutter, selbst eine professionelle Kalligraphin, bereits mit drei Jahren die Kunst der Kalligraphie beibrachte. Sein erster Job nach dem Studium war ein Posten im Vertrieb einer großen IT-Firma, den er nach einiger Zeit kündigte, um sich als Kalligraph selbständig zu machen. Anfangs hatte er jedoch große Schwierigkeiten, Kunden zu gewinnen. Obwohl ihm seine Arbeit inzwischen die größte Freude bereitet, hat es ihn viel Zeit und Mühe gekostet, dahin zu kommen, wo er heute ist.

Dasselbe gilt für mich. Obwohl Aufräumen für mich so selbstverständlich ist wie Atmen und es mir ungeheuren Spaß macht, war mein Weg mitunter steinig. Meine Leidenschaft fürs Aufräumen entdeckte ich bereits mit fünf Jahren, aber ich brauchte viele Jahre Trial and Error, bis ich meine Methode perfektioniert hatte und dort angelangt war, wo ich heute bin. Inzwischen bringe ich in Vorträgen, Büchern, Fernsehauftritten und über andere Medien meine Methode Menschen auf der ganzen Welt näher. Dieser Teil meiner Arbeit macht mir nicht immer Spaß und stellt mich permanent vor neue Herausforderungen. Wenn ich jedoch bedenke, dass es noch keine zehn Jahre her ist, seit ich angefangen habe, meine Methode im großen Stil zu verbreiten, erscheint es absolut logisch, dass ich darin noch nicht ganz so gut bin wie im Aufräumen. Aber ich lerne und entwickle mich immer weiter.

Nachdem ich die Personalagentur verlassen und mich selbständig gemacht hatte, meldeten sich nur vier Leute zu meinem Seminar an, und zwei der vier sagten in letzter Sekunde wieder ab. Meine Methode in einem riesigen, fast leeren Seminarraum zu vermitteln war eine Qual. Mir wurde schmerzhaft bewusst, wie unerfahren ich noch war, und ich fühlte mich furchtbar. Und auch meine Teilnehmer taten mir leid. Am liebsten wäre ich davongelaufen und hätte mich irgendwo versteckt.

Nachdem mir diese Erfahrung gezeigt hatte, wie schlecht ich mich verkaufen konnte, las ich so viele Bücher über PR und Management, wie ich nur finden konnte. Ich besuchte Seminare, knüpfte Kontakte, indem ich mich mit anderen Geschäftsleuten traf, und schrieb regelmäßig einen Blog, um auf mich aufmerksam zu machen. Anstatt es weiter im großen Stil zu versuchen, beschloss ich, klein anzufangen, und organisierte in Gemeindezentren Seminare für maximal zehn Teilnehmer, bei denen wir, wie in Japan üblich, auf Tatami-Matten auf dem Fußboden saßen.

Später besuchte ich dann mit einem eigenen Stand Wellness-Events. Um herauszustechen, zog ich mir einen *Yukata*, einen japanischen Baumwollkimono, an und steckte einen großen Fächer in die Schärpe, auf dem «Ich löse Ihre Aufräumprobleme!» stand. In diesem Aufzug spazierte ich dann über das Veranstaltungsgelände und bot meine Dienste an.

Derartige Maßnahmen führten dazu, dass ich schon bald einmal im Monat ausgebuchte Seminare mit 30 Leuten abhielt. Auch die Zahl meiner Klienten, die eine individuelle Beratung wollten, stieg. Irgendwann war meine Warteliste so lang, dass die Leute sechs Monate im Voraus einen Termin machen mussten und ich immer wieder gebeten wurde, doch ein Buch über meine Aufräummethode zu schreiben. Und so kam es, dass ich mein erstes Buch veröffentlichte.

Natürlich hatte ich, nachdem es erschienen war, trotzdem hin und wieder Schwierigkeiten und sehe mich auch heute noch, wo ich vor mehreren tausend Menschen spreche, oft vor neuen Herausforderungen. Aber ich habe festgestellt, dass mit jedem Jahr, in dem ich neue Erfahrungen sammeln kann, die Freude, die meine Arbeit mir bereitet, immer größer wird.

Unsere Arbeit basiert auf dem Sammeln von Erfahrungen. Durch das Arbeiten wachsen wir. Nichts ist von Anfang an die reine Freude. Sehen Sie Dinge, die im Moment vielleicht nicht ganz so gut laufen oder sich nicht gut anfühlen, aber in Zukunft zu mehr Freude bei der Arbeit führen könnten, einfach als eine Art Wachstumsschmerzen an. Glauben Sie nicht, Sie wären gescheitert, wenn Ihnen Ihr Arbeitsleben nicht nonstop Freude bereitet. Sehen Sie darin lieber eine Möglichkeit, Ihrem Ideal ein wenig näherzukommen. Freuen Sie sich an der Entwicklung und über die Tatsache, dass Sie noch wachsen können. Glauben Sie fest daran, dass Sie täglich neue Erfahrungen sammeln und auf ein Arbeitsleben voller Freude zusteuern.

Wenn die Angst vor der Meinung anderer uns ausbremst

Aufräumen kann dazu beitragen, dass Sie den Weg, der für Sie ins Glück führt, klarer vor sich sehen. Sie erkennen, was Ihnen am Herzen liegt, was Sie schon immer tun wollten und welche Herausforderungen Sie reizen. Aber sobald Sie den ersten Schritt machen müssen, mischen sich womöglich Bedenken in Ihre Begeisterung und lassen Sie zögern. Viele Menschen, die etwas entdeckt haben, das sie gerne ausprobieren würden, schrecken letztlich davor zurück, weil sie Angst vor dem haben, was andere denken.

Ich spreche da aus eigener Erfahrung. Meine Mission ist es, mehr Menschen dazu zu bewegen, durch Aufräumen Freude in ihr Leben zu bringen.

Aus diesem Grund schreibe ich Bücher, halte Vorträge und präsentiere mich in den Medien. Als ich vor ein paar Jahren noch einmal neu überdachte, wie ich meine Methode wirklich optimal verbreiten kann, kam ich zu dem Schluss, dass ich, wenn ich noch mehr Menschen erreichen wollte, auch in den sozialen Medien präsenter sein musste. Aber schon allein der Gedanke daran versetzte mich in Panik. Ich befürchtete, wenn ich meine Ideen und meinen Lebensstil mit einer so großen Community teilte, könnte ich zur Zielscheibe von negativer Kritik und Hass werden, und so konnte ich mich lange Zeit nicht dazu durchringen, einen Social-Media-Account einzurichten.

Schließlich konsultierte ich Jinnosuke Kokoroya, einen in Japan sehr bekannten Therapeuten und alten Freund von mir. Unsere Familien verbringen viel Zeit miteinander. «Ich würde gerne die sozialen Medien nutzen, um meine Botschaft besser zu verbreiten», erklärte ich ihm, «kann mich aber einfach nicht dazu durchringen. Ich habe Angst, die Leute könnten mich hassen und angreifen.»

Jinnosuke lächelte und sagte: «Mach dir da mal keine Sorgen, Marie. Viele Menschen hassen dich schon jetzt.» Das sagt er übrigens zu allen seinen Klienten, die Angst haben, gehasst zu werden. Es ist sein therapeutischer Ansatz.

Wahrscheinlich hat er recht, dachte ich und googelte zögerlich nach meinem Namen im Internet. Auf der Liste der Hits tauchte direkt nach meiner offiziellen Website und meinem Blog ein Artikel mit der Überschrift «Warum wir Marie Kondo hassen» auf. Ich war fassungslos. Dennoch sorgte diese Entdeckung dafür, dass sich meine Einstellung um 180 Grad drehte. Bisher hatte mich die Angst vor der Meinung anderer davon abgehalten, die sozialen Medien für mich zu nutzen. Nun war mir klar, wie unsinnig diese Sorge war. Die Leute kritisierten mich so oder so, ganz egal, ob ich die sozialen Medien nutzte oder nicht.

Ich hielt inne und fragte mich: Macht es mich glücklich, wenn ich den

Weg, den ich gehen möchte, nicht einschlage, nur weil ich Angst vor Kritik habe? Die Antwort war ein überzeugtes Nein! Meine innere Stimme schrie geradezu: Ich möchte das Glück der KonMari-Methode mit so vielen Menschen wie möglich teilen! Sofort richtete ich instagram@mariekondo und andere Accounts in den sozialen Medien ein. Letztlich kam dann gar nicht so viel Kritik, wie ich erwartetet hatte. Vielmehr wuchs die Zahl der Menschen, die meine Entscheidung unterstützten, mich in die sozialen Medien zu wagen, immer weiter an. Die Informationen und positiven Berichte, die ich postete, tauchten sogar immer häufiger unter den Top-Platzierungen der Online-Suchbegriffe auf. Heute bin ich sehr froh, dass ich diesen Schritt trotz meiner anfänglichen Befürchtungen gewagt habe.

Es gibt auf dieser Welt so viele verschiedene Menschen, Ansichten und Wertesysteme, dass wir unmöglich erwarten können, von jedem gemocht und verstanden zu werden. Dass uns manche auch kritisieren, ist nur natürlich.

Jeder von uns hat nur ein Leben. Wofür entscheiden Sie sich? Wollen Sie, dass Ihr Leben von der Angst vor anderen Meinungen bestimmt wird? Oder wollen Sie Ihrem Herzen folgen?

Lassen Sie Vergangenes hinter sich und schauen Sie in eine freudvolle Zukunft

Allzu oft wird unser Denken von Ängsten, Sorgen, früheren Misserfolgen oder der Kritik anderer beherrscht. Obwohl die meisten von uns mehr positive Erfahrungen machen als negative, erinnern wir uns überwiegend an die negativen – die dann einen überdimensionalen Einfluss auf unsere geistige Gesundheit haben.[1] Wer selbstkritisch ist, hat weniger Selbstvertrauen. Und wer auf reale oder vermeintliche Fehler in der Vergangen-

heit fixiert ist, wird auch in Zukunft scheitern, weil er sich von seinen vermeintlichen «Schwächen» irritieren lässt.[2] Es fällt dann deutlich schwerer, berufliche oder private Ziele zu verfolgen, weil man viel zu sehr damit beschäftigt ist, über vergangene Fehler zu grübeln, und befürchtet, neue zu machen. Hören Sie auf, Ihre Energie mit Grübeleien über die Vergangenheit zu verschwenden, sich in allem, was Sie tun oder haben, mit anderen zu vergleichen oder über Fehler zu brüten, die Ihnen vor einer Woche unterlaufen sind. Um einen negativen Gedanken ein für alle Mal loszuwerden, schreiben Sie ihn am besten auf ein Blatt Papier und denken kurz darüber nach. Fragen Sie sich, ob Sie etwas daraus lernen können und was diese Lektion zu Ihrer persönlichen Entwicklung beiträgt. Danach werfen Sie das Papier weg (schreddern, verbrennen oder vergraben es) und mit ihm den negativen Gedanken. Sie haben etwas gelernt, das genügt. Merken Sie sich die Lektion, aber hören Sie auf, Selbstkritik zu üben.
S. S.

Nehmen Sie sich Zeit für ehrliche Selbstreflexion

Wenn ich darüber nachdenke, wen ich kenne, der wirklich Ordnung in seiner Arbeit hat, kommt mir als Erster mein Mann Takumi Tawahara in den Sinn, der nicht nur mein Produzent, sondern auch Mitbegründer und Geschäftsführer der KonMari Media Inc. ist.

Mit «Arbeitsordnung» meine ich, dass Takumi immer ganz genau weiß, was zu tun ist. Er erledigt seine Aufgaben sehr effizient, gerät nicht in Stress und hat viel Freude dabei. Menschen, in deren Arbeit Unordnung herrscht, sind im Gegensatz dazu von ihren Aufgaben oft überfordert und haben viel Stress im Job.

Für Büroarbeit nimmt Takumi sich sehr viel Zeit und tut nichts anderes, bis er alles erledigt hat. Wenn ihm neue Aufgaben angetragen werden, kümmert er sich immer sofort darum, sodass wieder die anderen am Zug sind. Er geht zweimal die Woche ins Fitnessstudio, hält sich, was Bücher und Filme angeht, stets auf dem Laufenden, spielt mit unseren Töchtern, erledigt die Hausarbeit und hat trotz allem Zeit, auch auszuspannen. Ich bin das genaue Gegenteil. Wenn ich an einem Buch schreibe, bin ich oft erschöpft und fühle mich von den Deadlines unter Druck gesetzt.

Wie schaffte er es, seine Arbeit ordentlich und pünktlich zu erledigen und trotzdem genügend Zeit zu haben, zu Hause wie ein großer Kuschelbär auf dem Sofa herumzulümmeln und auf sein Smartphone zu starren? Sein Arbeitsstil ist ein so offensichtliches Beispiel für «Freude bei der Arbeit», dass ich ihn gebeten habe, mir sein Geheimnis zu verraten. Seine Antwort lautete schlicht: «Ich achte darauf, mir genügend Zeit für ehrliche Selbstreflexion zu nehmen.»

Alle zwei Wochen verbringt er zwei Stunden ausschließlich damit, sich Gedanken zu machen, warum er arbeitet, was er mit seiner Arbeit zu erreichen hofft und wie sein Arbeitsleben idealerweise aussieht. Anhand dieser Überlegungen priorisiert er die Aufgaben, die aktuell anstehen, und nimmt sich dann jeden Morgen vor der Arbeit zehn Minuten Zeit zu entscheiden, welche davon er an diesem Tag angehen will. (Sicher bin ich nicht die Einzige, die es erstaunt, wie viel Zeit er regelmäßig dafür opfert!)

Diese Art vorauszuplanen ist aber nur ein Teil seines Geheimnisses. Takumi sagt, das eigene Tun zu reflektieren sei auch deshalb entscheidend, weil man sich nur dadurch verbessern kann. Außerdem wendet er die 80/20-Regel an, die besagt, dass 80 Prozent der Ergebnisse, die wir in unserem Beruf erzielen, aus nur 20 Prozent unserer Arbeit resultieren. Er geht seine Aufgaben jeden Tag komplett durch, streicht alles, was unnötig oder unproduktiv ist, und konzentriert sich stattdessen auf die Aufgaben, die wirklich effektiv sind. Hat er beispielsweise den Eindruck, dass die Zahl unserer Besprechungen zum Thema ideales Arbeitsleben deutlich zu hoch ist, streicht er sie von vier auf zwei im Monat zusammen oder verkürzt die Dauer der Meetings von 60 Minuten auf 50 Minuten. Auf diese Weise hat er mehr Zeit und Energie für produktivere Tätigkeiten.

Wenn er Prioritäten setzt, berücksichtigt er aber nicht nur seine Aufgaben, sondern auch wie und mit wem er seine Zeit verbringen möchte. Erste Priorität haben er selbst und seine Selbstreflexion, dann kommt die Familie, inklusive mir und den Kindern, dann die Angestellten, Geschäftspartner und Klienten. Ein gutes Verhältnis zu den Menschen, die einem am nächsten sind, so Takumi, sorgt für eine positivere Grundeinstellung, eine bessere Kommunikation (was zu weniger Missverständnissen führt) und steigert die Produktivität. Und das alles trägt letztlich dazu bei, den Kunden einen besseren Service bieten zu können.

Als Takumi mir erklärte, er hätte sich diese Vorgehensweise schon angeeignet, als er noch bei einer anderen Firma beschäftigt war, also bevor er unser Geschäftsführer wurde, war ich überrascht. Aber mit seiner Angewohnheit, sich Zeit für Selbstreflexion zu nehmen, seine aktuelle Arbeitssituation immer wieder zu überdenken und Verbesserungen anzustreben, hat er sicher schon damals Freude an seinem Arbeitsplatz verbreitet.

Wie Sie als Paar Ordnung in die Arbeit bringen

Takumi und seine Art aufzuräumen haben mich stark beeinflusst, und mittlerweile nehme ich mir, wenn sich meine Aufgaben anhäufen, die Arbeitsbelastung steigt oder ich das Gefühl habe, unproduktiv zu sein, ebenfalls etwas Zeit, und wir reflektieren gemeinsam. Als Paar ordnen wir unsere Arbeit in drei Schritten.

1. Schritt: Sich einen realen Überblick verschaffen

Dazu nehmen wir einen großen Notizblock, den wir querlegen, und ziehen eine horizontale Linie unter dem oberen Rand. Diese unterteilen wir in zwölf gleiche Spalten mit den Monaten. In diese Tabelle schreiben wir sämtliche Termine, die für das laufende Jahr bereits feststehen, z. B. «März: Vortrag in New York», «Mai: Filmaufnahmen für Fernsehshow», «August: Buchveröffentlichung». Darunter notieren wir dann Ideen für Projekte, die wir gerne durchführen würden, deren Zeitplan aber noch nicht feststeht. So erhalten wir ein übersichtliches Gesamtbild aller zum aktuellen Zeitpunkt laufenden und zukünftigen Projekte.

2. Schritt: Projekte priorisieren und einen Zeitrahmen festlegen

Der nächste Schritt ist, die Projekte nach ihrer Wichtigkeit zu ordnen. Dazu stellen wir uns Fragen wie *Macht das Projekt Freude? Wird es in Zukunft Freude machen?* oder *Muss es getan werden, egal ob es Freude macht oder nicht?*. Um entscheiden zu können, ob etwas in Zukunft Freude bereiten wird, überlegen wir, ob das entsprechende Projekt der Firmenphilosophie, in unserem Fall «die Welt aufzuräumen», entspricht.

Sobald wir unsere Prioritäten gesetzt haben, entscheiden wir, wie viel Zeit wir den einzelnen Projekten widmen möchten, und notieren es in unserem Notizblock. Das entscheidende Kriterium hierbei ist, den Großteil unserer Energie auf die Arbeit zu verwenden, die Freude bereitet oder zukünftig bereiten wird, und auf Arbeit, die einfach nur getan werden muss, nur so viel Zeit zu verwenden wie absolut notwendig.

Wenn alle Projekte notiert sind, gehen wir sie noch einmal durch, und wenn wir dann beispielsweise feststellen, dass wir zu viel Zeit auf Publikationen verwenden oder wir dringend etwas tun müssen, um unsere Marke bekannter zu machen, passen wir den Zeitrahmen der einzelnen Projekte und Aufgaben entsprechend an.

3. Schritt: Projekte in Aufgaben unterteilen

Mit den beiden ersten Schritten verschaffen wir uns einen Überblick über unsere Projekte inklusive ihrer Wichtigkeit und der Zeit, die sie in Anspruch nehmen werden. Danach ist der dritte Schritt, jedes Projekt in detaillierte Aufgaben zu unterteilen und diese in unsere Google- oder Terminkalender einzutragen. Sind wir damit fertig, gehen wir unseren Terminplan noch ein letztes Mal durch. Kommen wir zu dem Schluss, dass eine der Aufgaben doch eher unwichtig ist, ändern wir den Terminplan entsprechend, indem wir die Aufgabe ganz streichen oder weniger Zeit dafür einplanen. Auf diese Weise erhalten wir einen Terminplan, der nur die Aufgaben enthält, die tatsächlich sinnvoll und lohnend sind.

Diese prinzipielle Methode, Arbeit zu ordnen, kann auch auf einen Zeitraum von drei Jahren anstatt einem angewendet werden oder dazu dienen, ein einzelnes Projekt im Detail zu planen. Als ich anfing, meine Arbeit auf diese Weise zu strukturieren, wurde mir bewusst, welch große Bedeutung viele unserer alltäglichen Aufgaben im Grunde haben. Das hat sowohl meine Motivation als auch meine Konzentration gesteigert. Beim gemeinsamen Ordnen mit Takumi habe ich die Erfahrung gemacht, dass ich deutlich motivierter und glücklicher bei der Arbeit bin, wenn ich die Bedeutung jeder einzelnen Aufgabe, und mag sie noch so klein sein, zu würdigen weiß.

Unsere Arbeit und unser Leben sind die Summe unserer Entscheidungen

Als ich anfing, auf der ganzen Welt zu arbeiten, war ich plötzlich so beschäftigt, dass ich kaum Zeit zum Denken hatte. Ununterbrochen beklagte ich mich bei meinem Mann, der auch mein Manager ist. «Mein Terminkalender ist so voll, dass ich keine Zeit habe, mich auszuruhen! Wie soll ich ohne Pausen einen guten Job machen?» Das waren die guten Tage. An schlechten Tagen, wenn mein Stresspegel am Anschlag war, habe ich Dinge gesagt, für die ich mich heute noch schäme. «Alle sind glücklich, mein Team, meine Klienten, nur ich bin es nicht!», beschwerte ich mich. «Allen erzähle ich, wie wichtig Freude im Leben ist, aber ich selbst empfinde überhaupt keine Freude.»

Jedes Mal, wenn ich in diese Stimmung verfiel, sagte Takumi: «Marie, wenn du das hier wirklich nicht tun willst, kannst du jederzeit damit aufhören. Du kannst diesen Vortrag canceln. Ich rufe die Organisatoren an und entschuldige dich. Und wenn du kein Unternehmen führen willst, machen wir die Firma dicht.» Er sagte das in einem ruhigen und neutralen Ton, ohne die geringste Spur von Sarkasmus oder Enttäuschung. Und er versuchte auch nicht, mich unter Druck zu setzen.

Seine Worte brachten mich jedes Mal zur Besinnung. Mir fiel wieder ein, dass ich diesen Vortrag als Chance gesehen und voller Begeisterung angenommen hatte. Es war meine Entscheidung gewesen, eine Firma in den Vereinigten Staaten zu gründen. Genau das hatte ich immer tun wollen. Alles, was ich tat, waren Schritte auf dem Weg, den ich für mich gewählt hatte, weil ich die KonMari-Methode mit anderen teilen und mehr Freude in ihr Leben bringen wollte.

Wenn sich meine Klienten bei einer Aufräumsitzung von bestimmten Dingen einfach nicht trennen können, rate ich ihnen, diese ganz bewusst und mit einer positiven Einstellung zu behalten. Handelt es sich beispielsweise um eine Handtasche, die eine Klientin nicht glücklich macht, die aber so teuer war, dass sie es nicht übers Herz bringt, sie wegzuwerfen, empfehle ich ihr, die Tasche nicht im Schrank zu verstecken, sondern sie neben die Taschen zu stellen, die ihr Freude bereiten. Anstatt die ungeliebte Tasche jedes Mal, wenn der Blick darauf fällt, mit negativen Gedanken aufzuladen, sollte sie sie wohlwollend ansehen und sich für ihr Dasein bedanken.

Behalten wir etwas mit genau dieser Einstellung, führt das automatisch zu einer von zwei Entscheidungen: Entweder wir gelangen zu der Erkenntnis, dass der entsprechende Gegenstand tatsächlich ausgedient hat, und können uns davon trennen, oder wir entwickeln eine neue Zuneigung, und der Gegenstand bereitet uns wieder echte Freude. Dieses Prinzip greift nicht nur beim Aufräumen, sondern bei jeder Entscheidung, die wir treffen. Wenn wir Dinge ganz bewusst behalten und uns unsere Entscheidung immer wieder klar vor Augen führen, ermöglicht uns das nach einiger Zeit, etwas entweder in Dankbarkeit wegzuwerfen oder es zu behalten und zu schätzen.

Unsere Arbeit und unser Leben sind das Ergebnis unserer früheren Entscheidungen. Was auch immer geschieht, ist das Resultat dessen, was wir entschieden haben. Wenn Sie feststellen, dass das, was Sie tun, Ihnen keine Freude bereitet, sollten Sie sich zunächst klarmachen, dass Sie sich auf einem Weg befinden, für den Sie sich in der Vergangenheit entschieden haben, und sich dann fragen, was Sie als Nächstes tun wollen. Beschließen Sie, etwas aufzugeben, dann tun Sie es in Dankbarkeit. Beschließen Sie weiterzumachen, dann tun Sie es mit Überzeugung. Wie auch immer Ihre Entscheidung ausfällt, wenn Sie sie bewusst und aus tiefer Überzeugung heraus fällen, wird sie mit Sicherheit Freude in Ihr Leben bringen.

Sie verdienen es, glücklich im Job zu sein

Zu wissen, was Ihnen an Ihrer Arbeit Freude bereitet, ist ein guter Ausgangspunkt, um sich Ihrer Vision Ihres Arbeitslebens anzunähern. Erfreuen Sie sich an Ihrem aufgeräumten Arbeitsplatz. Nutzen Sie die zusätzliche Zeit und Energie, die Sie durch das Aufräumen gewonnen haben, um Aufgaben anzupacken, die Ihnen noch mehr Freude bereiten. Melden Sie sich freiwillig für Tätigkeiten, die außerhalb Ihrer Zuständigkeit liegen, um

das tun zu können, was Sie glücklich macht. Legen Sie Ihren Schwerpunkt auf die Bewältigung von Aufgaben, die Ihnen Freude bereiten (auch wenn Sie nebenbei Aufgaben erledigen müssen, die keinen Spaß machen). Versuchen Sie, mehr Zeit mit Kollegen zu verbringen, mit denen Sie gerne zusammen sind, und meiden Sie die anderen.

Sollten all diese Maßnahmen nicht mehr Freude wecken, sind tiefergreifende Veränderungen vonnöten. Lieben Sie Ihre Arbeit, haben aber Probleme mit Ihrem Betrieb, sollten Sie über einen Jobwechsel nachdenken. Arbeiten Sie sehr gerne mit Ihren Kollegen, aber Ihr Posten ist nicht der richtige, sollten Sie schauen, ob es innerhalb Ihres Unternehmens nicht eine Stelle gibt, die besser zu Ihnen passt. Und wenn Sie das Gefühl haben, das Potenzial Ihrer aktuellen Tätigkeit bereits voll ausgeschöpft zu haben, sollten Sie eine andere Art von Arbeit in Betracht ziehen. Aber überstürzen Sie Ihre Entscheidung nicht. Die Kirschen in Nachbars Garten schmecken immer süßer, und dort, wo Sie aktuell arbeiten, gibt es mit Sicherheit noch viele ungenutzte Möglichkeiten und unentdeckte Freuden.

Aber egal, ob Sie nun bleiben oder kündigen, klammern Sie sich nicht an die Vergangenheit («Ich arbeite doch schon immer so») und lassen Sie sich nicht von Zukunftsängsten leiten («Was soll ich denn machen, wenn ich diese Arbeit aufgebe?»). Vielleicht ist der Job, den Sie momentan ausüben, ganz bequem, aber wenn er Ihnen keine Freude mehr bereitet, müssen Sie zur Tat schreiten. Indem Sie sich Ihre Work-Life-Vision und wie Sie diese erreichen können, sehr viel bewusster machen, setzen Sie bei Ihrer nächsten beruflichen Entscheidung automatisch die richtigen Prioritäten.

S. S.

Die richtige Work-Life-Balance finden

Mit den Kindern hat sich unser Leben als Paar komplett verändert. Vor der Geburt meiner ersten Tochter habe ich mir mein Leben noch so vorgestellt: Ich stehe morgens erholt auf, ziehe mich an und mache Frühstück, bevor die Kinder aufstehen. Meine täglichen Aufgaben erledige ich schnell und effizient, sodass genügend Zeit bleibt, um mit den Kindern zu spielen. Abends bereite ich mit viel Liebe das Abendessen zu, und die ganze Familie sitzt zusammen am Tisch und genießt die gemeinsame Mahlzeit. Vor dem Schlafengehen mache ich dann noch ein wenig Yoga und entspanne mich, bis ich angenehm müde ins Bett falle. Und mein Haus ist selbstverständlich immer tipptopp aufgeräumt!

Das war meine Idealvorstellung, aber so einfach ist das Leben nicht. Nach der Geburt meiner Kinder hatte ich weder die Zeit noch die emotionale Kraft, dieses Ideal zu leben, und meine Erwartungen und Ziele reduzierten sich darauf, vor dem Zubettgehen die Zähne zu putzen und mich zu vergewissern, dass die Kinder noch am Leben sind. Babys wachen häufig und früh auf, weshalb ich nie genügend Schlaf bekam. Ich war permanent übermüdet, meine Konzentrationsfähigkeit nahm drastisch ab, und ich schaffte es kaum noch, Arbeit und Haushalt pünktlich zu erledigen. Ich war ständig bemüht, das Haus sauber und in Ordnung zu halten, aber dann ließen die Kinder eine Packung Salz fallen, die sich über den gesamten Boden verteilte, oder zogen die Schubladen auf und warfen die Schreibutensilien, die ich ordentlich in Fächer sortiert hatte, wieder durcheinander. Ich konnte aufräumte, soviel ich wollte – das Haus verwandelte sich sofort wieder in eine Müllhalde.

Nachdem ich meinen Töchtern gezeigt hatte, wie man Kleidung schön zusammenlegt, zogen sie die ordentlich verstauten Sachen aus den Schubladen, legten sie «neu» zusammen und stopften sie wieder zurück. Die Kinder fanden es perfekt, ich natürlich nicht! Wahrscheinlich wollten sie nur das Zusammenlegen üben, aber damals konnte ich ihre Versuche einfach nicht mit Humor nehmen. Ich schimpfte sie aus und machte mir dann später Vorwürfe, weil ich so ungeduldig war. Das entfachte natürlich kein Fünkchen Freude, geschweige denn ein Freudenfeuer. Die Lage beruhigte sich erst, als die Kinder in die Schule kamen.

Das Leben mit kleinen Kindern kann schwierig sein, aber ich habe eine wertvolle Lektion gelernt: Es ist utopisch, alles perfekt sauber und ordentlich zu halten, solange Kleinkinder im Haus sind. Dennoch war es mir wichtig, wenigstens meine persönlichen Bereiche in Ordnung zu halten, wie beispielsweise meine Schreibtischschubladen. Und auch die Kleider in meinem Schrank mussten so hängen, dass ich mich daran freuen konnte. Mit Kindern haben wir über viele Aspekte unseres Alltagslebens sehr viel weniger Kontrolle. Aus diesem Grund ist es wichtig, dafür zu sorgen, dass die Bereiche, über die wir die Kontrolle haben, uns Freude bereiten. Sich einen Ort zu schaffen, nur einen, der uns glücklich macht, wenn wir uns dort aufhalten, kann unsere Stimmung entscheidend verändern.

Viele Menschen fühlen sich, solange sie kleine Kinder haben, überfordert. Ich erhalte oft Briefe von arbeitenden Eltern, die mich um Rat bitten, und eine der häufigsten Fragen lautet: «Wie schaffe ich mir eine gute Work-Life-Balance?» Worauf ich den Leuten rate: «Fangen Sie damit an, sich zu überlegen, wie Ihre ideale Work-Life-Balance aussehen würde.»

Wie schon erwähnt hat sich Takumis und meine Work-Life-Balance mit unseren Kindern drastisch verändert. Abends lange zu arbeiten wurde nahezu unmöglich, weil wir sehr viel mehr Zeit und Energie für unsere Kinder brauchten. Da wir unseren alten Lebensstil nicht weiterführen konnten, berieten wir gemeinsam, welche Art von Work-Life-Balance uns glücklich machen würde.

Am Ende haben wir entschieden, der Zeit für uns selbst und die Familie höchste Priorität einzuräumen und unsere Arbeit drum herum zu organisieren. Das bedeutete natürlich, dass wir mehr Aufträge ablehnen mussten als zuvor, aber wir ließen diese Möglichkeiten dankbar vorüberziehen. Bei den Menschen, die auf uns zukamen, bedankten wir uns und erklärten, dass wir uns über eine zukünftige Zusammenarbeit, wenn der Zeitpunkt günstiger wäre, freuen würden. Auf diese Weise konnten wir neue Energie schöpfen und uns wieder mehr auf unsere Aufgaben konzentrieren. Indem wir uns beispielsweise zum Ziel setzten, etwas Bestimmtes in einer Stunde zu erledigen, lernten wir, uns innerhalb eines begrenzten Zeitrahmens besser auf unsere Arbeit zu konzentrieren und in kürzerer Zeit zu einem Ergebnis zu kommen.

Was die ideale Work-Life-Balance angeht, schlage ich die gleiche Herangehensweise vor wie beim Aufräumen. Machen Sie sich zunächst den Idealzustand bewusst, finden Sie heraus, was Ihnen Freude bereitet und was nicht, und wissen Sie die Dinge entweder zu schätzen oder verabschieden Sie sich wohlwollend davon. Wenn Sie das Gefühl haben, Ihre aktuelle Work-Life-Balance verbessern zu müssen, versuchen Sie, sich darüber klarzuwerden, wie das perfekte Gleichgewicht für Sie aussehen würde, und machen Sie sich Gedanken, wie Sie Ihre Zeit am liebsten nutzen wollen. Folgen Sie dazu den drei Schritten, die ich in «Wie Sie als Paar Ordnung in die Arbeit bringen» auf Seite 199 ff. aufgezeigt habe.

Freude bei der Arbeit bringt Freude im Leben

«Die Arbeit, die ich mache, hat keinerlei gesellschaftliche Bedeutung. Ich arbeite, um mir meinen Lebensunterhalt zu verdienen. Das ist alles. Über Arbeit zu reden, die Freude bereitet, ist nicht meine Welt.»

Dieser Satz stammt von einer meiner Klientinnen, und einige von Ihnen würden ihn sicher unterschreiben. Dennoch bin ich der festen Überzeugung, dass jeder seiner Arbeit Freude entlocken kann.

Als ich fünf Jahre alt war, fragte ich einmal meine Mutter, eine passionierte Hausfrau: «Warum siehst du immer so glücklich aus bei der Hausarbeit?»

Sie lächelte und sagte: «Hausarbeit ist ein sehr wichtiger Job. Weil ich koche und mich um den Haushalt kümmere, kann dein Vater viel arbeiten, und du kannst zur Schule gehen und bleibst gesund. Das ist ein sehr wertvoller Beitrag für die Gesellschaft, findest du nicht? Deshalb liebe ich meine Arbeit!» Was sie da gesagt hatte, machte mir nicht nur bewusst, wie wundervoll die Arbeit einer Hausfrau ist, sondern auch, dass Menschen auf ganz unterschiedliche Art und Weise zum Wohl der Gesellschaft beitragen.

Aufräumen kann uns bewusst machen, wie wichtig manche Alltagsgegenstände sind. Ohne eine Schraube, und sei sie noch so klein, nützt uns kein Schraubenzieher etwas. Alles, so unbedeutend es auch scheinen mag, hat seinen Zweck und bildet gemeinsam mit anderen Dingen unser Zuhause.

Dasselbe gilt für die Arbeit. Jede Aufgabe, die wir erledigen, ist entscheidend. Sie muss nicht groß sein. Nehmen Sie beispielsweise Ihre eigene Arbeit. Was trägt sie zu Ihrem Unternehmen als Ganzem bei? Was trägt sie zum Wohl der Gesellschaft bei? Wenn wir in unseren täglichen Aufgaben einen Sinn sehen, lohnt es sich für uns, sie zu erledigen, und sie bereiten uns Freude. Mit welcher Einstellung wir unsere Arbeit machen, ist sehr viel wichtiger, als welche Arbeit wir machen. Wenn wir bei der Arbeit glücklich und gut gelaunt sind anstatt gestresst und gereizt, üben wir einen positiven Einfluss auf unser Umfeld aus. Je mehr glückliche Menschen es gibt, umso mehr positive Energie kann sich verbreiten – und die Welt verändern. Somit sind schon allein die Freude und Energie, die Sie beim Arbeiten ausstrahlen, ein Beitrag zum Wohl unserer Gesellschaft.

Also Hand aufs Herz: Bereitet Ihnen Ihre Arbeit Freude?

Und was für ein Arbeitsleben wünschen Sie sich wirklich?

Wir sind davon überzeugt, dass Aufräumen der erste und effizienteste

Schritt in Richtung eines glücklichen Berufslebens ist. Wir hoffen, dass Sie die Ideen, die wir Ihnen hier vorgestellt haben, angefangen beim Aufräumen der materiellen Unordnung bis hin zur Organisation Ihrer Zeit, Ihrer Netzwerke und Ihrer Entscheidungen, umsetzen können. Schaffen Sie Ordnung an Ihrem Arbeitsplatz, und wenden Sie sich den Dingen zu, die Sie lieben. Freude bei der Arbeit bringt Freude im Leben.

Die folgenden Kapitel wurden von Marie Kondo und Scott Sonenshein für die Taschenbuchausgabe ihres Buches ver

KAPITEL 12

Freude im Homeoffice

Anfang März 2020 war ich gerade zurück von einem der glücklichsten Ereignisse meines Lebens. Familie und Freunde hatten sich in Houston, Texas, versammelt, um die Bat-Mizwa meiner ältesten Tochter zu feiern – ein jüdisches Fest, das den Eintritt eines Kindes ins Erwachsenenalter markiert. Zudem bereiteten Marie und ich die Veröffentlichung unseres Buches vor, und ich war gespannt auf die Reaktionen der ersten Leser, die ich in der kommenden Woche treffen sollte.

Und dann hatte plötzlich die Covid-19-Pandemie die Welt fest im Griff. Meine fast achtzigjährige Mutter, die schon seit mehreren Jahren mit Lungenkrebs kämpfte, erkrankte wenige Tage nach der Bat-Mizwa an einer Lungenentzündung; wahrscheinlich hatte sie sich auf dem Nachhauseweg im Flugzeug infiziert. Man brachte sie in den Covid-19-Trakt des Florida Hospitals, und wir warteten zwei entsetzlich lange Wochen auf die Testergebnisse. In dieser Zeit wurden die Schulen meiner Töchter geschlossen, und alles Leben kam zum Stillstand. Meine Kinder waren durch die abrupte Unterbrechung ihres Alltags völlig durcheinander und verunsichert, und meine Frau und ich hatten alle Hände voll zu tun, zu Hause eine gewisse Routine und Normalität zu schaffen. Und dann kam auch noch der Dekan meiner Schule mit dem Wunsch auf mich zu, ich solle mein anstehendes Seminar für Führungskräfte in ein Zoomformat bringen. In den fünfzehn Jahren, die ich nun schon an diesem College arbeite, hatte ich immer nur in einem Klassenzimmer unterrichtet. Mir blieben achtundvierzig Stunden, um mich vorzubereiten! Ich fühlte mich total überfordert und gestresst.

Ich weiß, dass ich mich in diesen schwierigen Zeiten im Gegensatz zu vielen anderen noch glücklich schätzen konnte. Meine Mutter wurde glücklicherweise ohne Corona wieder entlassen, und auch der Rest meiner Familie ist gesund geblieben. Mittlerweile kommen meine Kinder mit dem Homeschooling ganz gut zurecht, und auch ich habe gelernt, meinen Unterricht onlinetauglich zu gestalten.

Wenn ich mir die vergangenen Monate noch einmal vor Augen führe, bin ich von der Anpassungsfähigkeit und dem Einfallsreichtum der Menschen rund um den Globus schwer beeindruckt. Die sozialen und wirtschaftlichen Folgen der Pandemie waren für fast alle eine große Belastung, trotzdem haben viele von uns Wege gefunden, zurecht- oder gar voranzukommen. In harten Zeiten wie diesen hat Freude bei der Arbeit natürlich nicht gerade oberste Priorität. Jeder versucht, so gut es geht, über die Runden zu kommen. Dennoch hat sich gezeigt: Gerade in Zeiten, in denen wir mit vielen Problemen kämpfen, ist Freude ganz besonders wichtig. Psychologen bestätigen ihre heilende, die Folgen von Angst und Depressionen lindernde Wirkung schon lange. Die Freude an dem, was wir tun, hilft uns, mit negativen Erfahrungen besser zurechtzukommen, indem sie unser Denken erweitert und kreative Lösungen fördert.

Eine wichtige Lektion, die wir aus der Pandemie gelernt haben, lautet: Es liegt in unserer Hand, unser Berufsleben so zu organisieren, dass wir Freude daran haben. Wie die Arbeitswelt nach dieser Pandemie aussehen wird, ist kaum vorhersehbar, aber wir dürfen wohl annehmen, dass das Arbeiten von zu Hause aus selbst dann noch ein Thema sein wird, wenn wir das Virus unter Kontrolle gebracht haben.

Das Homeoffice hat viele Vorteile, birgt aber auch Risiken. Die größere Flexibilität in der Entscheidung, wo, wann und wie wir unseren Job machen, kann die Arbeitszufriedenheit immens steigern, ist aber zeitgleich eine große Herausforderung für den persönlichen Austausch mit Kollegen und den gewohnten Tagesrhythmus, da der zwischenmenschliche Kontakt fehlt und wir uns mit neuen Formen der Ablenkung konfrontiert sehen.

Hier also für alle, die dauerhaft, zeitweise oder auch nur vorübergehend von zu Hause arbeiten, vier nützliche Anregungen, wie Sie mehr Freude ins Homeoffice bringen.

Arbeit und Privates trennen

Setzen Sie Grenzen, mit denen Sie verhindern, dass Ihre Arbeit in Ihr Privatleben eindringt – oder Ihr Privatleben Ihrer Arbeit in die Quere kommt. Um sich wohlzufühlen und produktiv zu sein, brauchen Sie kein geräumiges Arbeitszimmer für sich alleine. Wichtig ist nur, dass Sie einen festgelegten Platz zum Arbeiten haben, an dem Ihr persönlicher Kram nichts zu suchen hat und mit dem Sie sich selbst – und allen anderen in Ihrem Haushalt – signalisieren: Wenn ich hier sitze, ist Arbeitszeit.

Fangen Sie damit an, sich einen Arbeitsplatz einzurichten, der frei ist von unnötigem Zeug. Normalerweise stapeln sich auf unseren Schreibtischen Papiere und Ordner, überall liegen Stifte herum, vielleicht noch eine abgelaufene Packung mit einem Snack, und in den Schubladen steckt ein unentwirrbarer Kabelsalat. Zu Hause kommt dann auch noch unser persönlicher Kram hinzu – und der unserer Familie: Schul- und Spielsachen, die Post von letzter Woche, ein Stapel verstaubter Bücher.

Wenn Sie zu Hause keinen eigenen Arbeitsplatz haben, müssen Sie vorübergehend einen festlegen. Der Esstisch ist hierfür oft gut geeignet. Räumen Sie den Tisch komplett leer, wenn Sie arbeiten möchten, und legen Sie nur Ihr Arbeitsmaterial bereit. Ist Essenszeit, packen Sie alles in eine Tragetasche oder Schachtel und stellen es zur Seite.

Die größere Eigenständigkeit zu Hause macht es einfacher, sich einen

Platz einzurichten, der Freude bereitet. Vorgaben der Firma, die die persönliche Gestaltung des Arbeitsplatzes oft einschränken, fallen weg. Ich selbst habe an meinem Heimarbeitsplatz Modellflugzeuge stehen, die mein ganzer Stolz sind, mir im Büro aber eher peinlich wären. Und ich habe ein inspirierendes Kunstwerk aufgestellt.

Insbesondere wenn Kinder, Haustiere oder ähnliche Ablenkungen in der Nähe sind, können die Grenzen natürlich nicht immer konsequent eingehalten werden. Jeder, der kleine Kinder hat, kennt die unliebsamen Unterbrechungen durch laute Mama- oder Paparufe während einer Konferenzschaltung oder hat miterlebt, wie jemand, der dort nichts zu suchen hat, versehentlich in ein Onlinemeeting spaziert. Ein charmantes Beispiel hierfür lieferte die Professorin Clare Wenham von der London School of Economics in einem Live-Interview mit dem BBC-Sprecher Christian Fraiser. Wenhams Tochter Scarlett marschierte während des Interviews in das Homeoffice ihrer Mutter, um dort ein Bild mit einem Einhorn von der Wand zu nehmen und woanders aufzuhängen. Wenham versuchte, Haltung zu bewahren und sich gleichzeitig irgendwie um ihre Tochter zu kümmern. Fraiser bot an, das Interview abzubrechen, aber Wenham sprach weiter. Dann fragte Scarlett ihre Mutter, mit wem sie da spreche. Fraiser stellte sich ihr vor – und gab ihr sogar noch einen Tipp, wo sich das Einhornbild am besten machen würde. Was zu einer überaus peinlichen Situation hätte werden können, fand international Anerkennung, weil sie die Schwierigkeiten, aber auch das Durchhaltevermögen arbeitender Eltern zeigte.

Mindestens ebenso wichtig wie die räumliche Abgrenzung ist eine strikte Trennung von Arbeit und Freizeit. Zu Beginn der Pandemie waren viele Menschen glücklich, dass ihnen die Zeit und die Unannehmlichkeiten des Pendelns erspart blieben. Aber wer von zu Hause arbeitet, arbeitet in der Regel länger. Eine Studie mit Berufstätigen in Großbritannien erklärt, warum das so ist: Erstens halsen wir uns schnell viel zu viel auf, weil wir zu Hause jederzeit an neue Aufgaben kommen. Und zweitens wollen wir anderen (und uns selbst) beweisen, dass wir hart arbeiten. Da niemand sieht, dass wir arbeiten, verwechseln wir Arbeitsdauer leicht mit Arbeitsleistung.

Ein weiteres Problem sind die vielen Ablenkungen zu Hause, die ein produktives Arbeiten deutlich erschweren – angefangen beim Homeschooling der Kinder bis hin zu einer Speisekammer voller Leckereien.

Legen Sie also realistische Arbeitszeiten mit fixen Pausen fest, in denen sich Körper und Geist erholen können. Ich habe für mich beschlossen, jeden Morgen zu Fuß «zur Arbeit» zu gehen (gemeinsam mit meinen Kindern, die zu Fuß «zur Schule» gehen). Tatsächlich schlendern wir nur eine kleine Runde um den Block, bevor wir den Tag beginnen. Für uns alle ist das das Signal, dass es Zeit ist, sich auf die Arbeit zu konzentrieren. Und am Ende des Tages gehen wir von der «Arbeit» und der «Schule» wieder nach Hause – als Zeichen, dass der Arbeitstag zu Ende ist und wir nun gemeinsam unsere Freizeit genießen können.

Sich selbst dann morgens in «Arbeitskleidung» zu werfen, wenn man nicht auf einem Bildschirm erscheinen muss, kann den Wechsel zwischen Arbeit und Privatleben ebenfalls erleichtern. Oft reicht schon eine kleine Geste, um diesen Übergang zu markieren, z. B. eine Armbanduhr anzulegen und wieder abzunehmen.

Auch ein abschließendes Ritual nach getaner Arbeit – ein warmes Bad, Sport oder die Ausübung eines Hobbys – kann helfen, die Anspannung nach einem harten Tag abzubauen und Ihr Zuhause wieder in einen privaten Bereich zu verwandeln.

Kontaktpflege aus der Ferne

Mit Menschen in Kontakt zu treten, die sehr weit weg sind, gestaltet sich oft schwierig. Obwohl meine erste Zoom-Vorlesung großen Spaß gemacht hat und erstaunlich effektiv war, wurde mir schnell klar: Ein paar Gesichter auf einem Bildschirm sind kein Ersatz für den persönlichen Austausch. Dennoch habe ich gelernt, die Vorteile von Onlinekontakten in den Vordergrund zu rücken, anstatt ständig nur das Fehlen persönlicher Interaktionen zu bemängeln. Wenn ich meinen Studierenden etwas über Erfindungsreichtum beibringen möchte, schicke ich sie auf Schatzsuche in ihren Wohnungen. (Sie glauben ja nicht, was man mit einer Bratpfanne alles machen kann!) Und um meinen Studierenden zu zeigen, wie wichtig es für die Lösung schwieriger Probleme ist, auch die Perspektive von Menschen außerhalb ihres Berufsfeldes einzunehmen, habe ich meine jüngste Tochter Noa gebeten, ihren Puppen unterschiedliche Berufskleidung anzuziehen.

Dadurch, dass Videokonferenzen als Kommunikationsform immer mehr Zuspruch finden, werden viele unpersönliche geschäftliche Telefonate mittlerweile durch bereicherndere Formen des Austauschs ersetzt. Onlineplattformen wie Zoom bieten beispielsweise Umfragen an, die Entscheidungsfindungsprozesse deutlich verbessern. Bei Gruppenentscheidungen besteht immer die Gefahr, dass die Ansicht der stärksten Persönlichkeiten im Raum die Meinung anderer Anwesender überlagert. Durch den Einsatz des Umfrage-Tools wird die Voreingenommenheit einer Gruppe minimiert, weil die Haltung Einzelner zu einem bestimmten Thema anonym bleibt. Virtuelle Whiteboards und Kommentarfunktionen erleichtern zudem das Entwickeln neuer Ideen, virtuelle Breakout-Rooms ermöglichen Diskussionen in kleiner Runde und ein schnelles Aufteilen der Aufgaben. Hinzu kommt, dass Online-Meetings aufgezeichnet werden können und somit auch diejenigen davon profitieren, denen eine Teilnahme nicht möglich ist.

Formlose Chats sind eine gute Möglichkeit, Vertrauen zu schaffen oder Freundschaften zu schließen. So schalte ich mich bei Videokonferenzen beispielsweise gerne ein bisschen früher zu, um noch ein wenig

Bürotratsch mitzubekommen. Manche Firmen bieten für Mitarbeiter, die informellen Kontakt suchen, sogar einen festen Kaffee- oder Mittagspausen-Chat oder einen Jour fixe ohne Tagesordnung an.

Im letzten Jahr ist uns wohl allen klargeworden, dass ein unverbindliches «Wie geht's?» sehr viel mehr sein kann als nur ein beiläufiger Gruß. Eine Krise ist immer auch eine Chance, Mauern niederzureißen und persönliche Schwierigkeiten offener zu kommunizieren. Seien Sie bereit, Menschen mit Problemen Mitgefühl und Empathie entgegenzubringen und sie zu unterstützen. Die beste Methode, die Arbeitszufriedenheit zu steigern, ist, sich mit Kollegen zu befreunden – und einen besseren Zeitpunkt, um neue Freundschaften zu schließen, als jetzt gab es noch nie.

Gleich zu Beginn der Pandemie startete ich ein Studienprojekt mit der Fragestellung, wie sich Menschen in unterschiedlichen Arbeitsfeldern – Gesundheitswesen, Bildung, darstellende Künste, Medien – an das Arbeiten von zu Hause erfolgreich anpassen. Obwohl die Studie noch in den Kinderschuhen steckt (akademische Forschungen sind bekanntermaßen sehr langwierig), zeigen erste Auswertungen der Daten schon jetzt, dass die Menschen ihre Arbeitskontakte ausweiten und vertiefen. Einige bezeichnen sich sogar als «Berater», die ihren Arbeitskollegen wertvolle emotionale Unterstützung zukommen lassen. Das alles deutet auf eine ermutigende Erkenntnis hin: Selbst in unsicheren und schwierigen Zeiten wie einer Pandemie sind wir in der Lage, ein gemeinsames Ziel zu verfolgen und auch aus der Ferne nachhaltige Kontakte zu knüpfen.

Untersuchungen haben außerdem gezeigt: Indem wir Kollegen Einblick in unseren Arbeitsplatz zu Hause gewähren, verringern wir die emotionale Distanz. Wenn wir das persönliche Umfeld unserer Gesprächspartner sehen und mitbekommen, vor welche Schwierigkeiten sie das Homeoffice stellt, fühlen wir uns mit ihnen verbunden, und es entsteht eine gewisse Nähe.

Dankbarkeit bewirkt viel

Als unser Buch veröffentlicht wurde, empfand ich die globale Gesundheitskrise und den wirtschaftlichen Druck durch den Verlust von Millionen Arbeitsplätzen als eine schwere Last. Sobald das Leid überhandnimmt, erscheint es uns schnell ungehörig, für etwas anderes als das Nötigste, wie beispielsweise unsere Gesundheit oder Arbeit, dankbar zu sein. Dennoch hat sich gezeigt, dass Dankbarkeit in schwierigen Zeiten nicht nur unsere eigene Stimmung hebt, sondern auch die unserer Kollegen.

Indem wir unserem Dank Ausdruck verleihen, stellen wir eine Verbindung her und zeigen unsere Wertschätzung gegenüber den Leistungen anderer, die im Homeoffice oft besonders schwer zu erkennen sind. Das bedeutet nicht, dass wir uns für alles überschwänglich bedanken müssen. Oft genügen schon kleine Gesten. Machen Sie es sich zur Gewohnheit, sich jeden Tag bei jemandem zu bedanken. Ein ernstgemeintes Dankeschön oder ein Lob können viel bewirken.

Psychologen sind der Ansicht, dass eine der besten Strategien zur Bewältigung problematischer Situationen darin besteht, nach versteckten Vorteilen zu suchen. Auch wenn Sie viel lieber wieder in Ihrem Büro arbeiten würden, sollten Sie sich also fragen: Welche Vorteile bringt mir die Arbeit von zu Hause? Diese könnten sein, dass Sie weniger Zeit im Auto verbringen, mehr Kontakt zu Ihren Kindern haben, nicht in der Kantine essen müssen oder die Möglichkeit haben, mitten am Tag ein Workout zu machen.

Zeit effektiv nutzen

Wer aus dem Büro ins Homeoffice wechselt, kann viel der am Arbeitsplatz verschwendeten Zeit einsparen. Im Büro sind Besprechungen häufig viel zu lang, und zu viele Personen nehmen daran teil. Das liegt daran, dass es sehr einfach ist, Leute zusammenzurufen, die sich schon am selben Ort befinden. Nutzen Sie das Arbeiten von zu Hause dazu, Ihre Besprechungstermine – also mit wem Sie sich wie oft treffen – zu optimieren. Die meisten Besprechungen, in denen es hauptsächlich um die Weitergabe von Informationen geht, können durch eine kurze E-Mail oder Videobotschaft ersetzt werden, die dann von allen Betroffenen zu unterschiedlichen Zeiten gelesen oder gehört werden kann.

Nutzen Sie Ihre Zeit effektiver, indem Sie der Versuchung widerstehen, Ihr Handy immer in Reichweite zu haben. Überlegen Sie, ob Sie es tatsächlich ständig in Ihrer Nähe brauchen. Lenkt es Sie womöglich mehr von Ihrer Arbeit ab, als dass es ihr nützt? Vielen gibt das Handy eine Art Sicherheit, weil sie sonst befürchten, sie könnten etwas «Wichtiges» verpassen. Wenn keine Kollegen in der Nähe sind, ist die Versuchung, ständig aufs Handy zu schauen, besonders groß. Nutzen Sie den Vorteil der örtlichen Trennung von Ihren Kollegen lieber, indem Sie individuelle Zeitblöcke festlegen, in denen Sie ungestört an den Projekten arbeiten können, die Ihnen am Herzen liegen.

Eine immer größere Anzahl von E-Mails im Posteingang – oder auch Postausgang – ist kein Zeichen dafür, dass Sie mehr arbeiten oder gar mehr erledigt bekommen. Denn wenn wir im Homeoffice arbeiten, nutzen wir E-Mails gerne auch mal zu unlauteren Zwecke, wie beispielsweise dazu, anderen (oder uns selbst) zu demonstrieren, dass wir die Arbeit nicht schleifenlassen. Das kann schnell dazu führen, dass wir uns gegenseitig den Posteingang zumüllen, um auf Kollegen einen möglichst engagierten Eindruck zu machen. Vertrauen Sie auf den Wert Ihrer Arbeit, ohne durch unnötige E-Mails zu überkompensieren.

Für mich war es schon immer ein beruhigendes Gefühl, in schwierigen Zeiten meinen Arbeitsalltag neu zu strukturieren. So habe ich wieder Ordnung geschaffen und Kontrolle zurückgewonnen, während ich gleichzeitig akzeptieren lerne, dass auch weiterhin einiges schieflaufen wird. Mit Situationen klarkommen zu müssen, die ich mittlerweile als «unvermeidbare Unannehmlichkeiten» bezeichne, ist etwas, an dem ich sehr gewachsen bin. Seit ich von zu Hause arbeite, ist mitten in einer wichtigen Besprechung das Internet zusammengebrochen, als ich während eines Sturms online unterrichtete, ist der Strom ausgefallen, und die Nachbarn scheinen immer zu den ungünstigsten Zeiten den Rasen zu mähen. Aber neben der wirklich ernsten Lage, in der wir uns im Moment befinden, sind all diese Pannen absolut nebensächlich.

Ich habe auch gelernt, die kleinen Dinge, die mir jeden Tag Freude bereiten, mehr zu schätzen. Bequem von zu Hause arbeiten zu können, hat mich produktiver gemacht. Das Verhältnis zu meinen Kollegen ist besser geworden, weil es an manchen Tagen einfach nur schön ist, sich mal wieder mit einem Erwachsenen zu unterhalten. Mit weniger Besprechungen im Terminkalender konnte ich neue Projekte starten. Und ich bin dankbarer geworden für Dinge, die ich immer als selbstverständlich angesehen habe: ein bisschen ungestörte Zeit, um zu schreiben, ein schöner Morgen, an dem ich einen Spaziergang machen kann, ein leckeres selbstgekochtes Mittagessen.

Manchmal finden wir Freude in Zeiten, in denen wir sie am wenigsten erwartet und an Orten, an denen wir nie nach ihr gesucht hätten.

Bleiben Sie gesund.

Scott Sonenshein

KAPITEL 13

Arbeiten von zu Hause und die «neue Normalität»

Als das Coronavirus ausbrach, wurde das Arbeitsleben der Menschen auf den Kopf gestellt, auch meines. Viele derjenigen, die das Glück hatten, überhaupt noch einen Job zu haben, mussten plötzlich von zu Hause aus arbeiten und sich gleichzeitig um ihre Kinder kümmern, die nicht zur Schule oder in die Kita gehen konnten.

Mitten in einer Pandemie, die sich mit ihren schlimmen Folgen für Wirtschaft und Arbeitsplätze über die ganze Welt ausbreitete, schien es besonders schwer, bei der Arbeit noch Freude zu empfinden. Damals wie heute lautet mein Rat, die Dinge einfach zu halten: sich ein gesundes Umfeld und einen geregelten Alltag zu schaffen, zu akzeptieren, dass es manchmal chaotisch werden kann, und sich regelmäßig eine Auszeit zu nehmen, um neue Energie zu tanken. Das Aufräumen wird Ihnen auch in diesen unsicheren Zeiten helfen, die Kontrolle über Ihre Umgebung zu behalten.

Wichtig ist die richtige Einstellung

Ob unser Zuhause ein Zufluchtsort ist oder wir uns dort eingesperrt fühlen, ist eine Frage der inneren Einstellung. Selbst in diesen ungewöhnlichen Zeiten dürfen wir, denke ich, nicht vergessen, wie wichtig das Zuhause sowohl für die physische als auch die emotionale Gesundheit ist. Es bietet uns Schutz, im wahrsten Sinne des Wortes, weshalb wir damit beginnen sollten, dankbar dafür zu sein.

Als Nächstes rate ich deshalb dazu, in Ihrem Zuhause Ordnung zu schaffen. Aufzuräumen hilft Ihnen zu erkennen, wie Sie die Umgebung innerhalb Ihres Zuhauses so verändern können, dass Sie sich dort wohler fühlen. Sie setzen sich mit dem Ort, an dem Sie leben, auseinander und machen ihn zu einer Zufluchtsstätte, an der alles seinen Platz und seinen Zweck hat.

Denjenigen, die mich im Zusammenhang mit dieser Pandemie um Rat baten, habe ich erklärt, dass die Situation, so herausfordernd sie auch sein mag, eine einzigartige Möglichkeit bietet, vieles zu reflektieren. In diesem Buch ging es grundsätzlich darum, in der Arbeit einen Sinn zu finden. Nun, ohne den Druck des Pendelns, ohne Geschäftsreisen und ohne die Treffen mit Kollegen nach Feierabend, haben wir zudem die seltene Gelegenheit, darüber nachzudenken, wie wir arbeiten. Außerdem können wir uns Gedanken über die Arbeit selbst machen und wie wir sie definieren.

Hierbei kann es helfen, wenn wir die Zeit zu Hause als Chance für einen Neustart sehen. Die erzwungene Verlangsamung unseres Lebens schafft den Freiraum, Entscheidungen zu treffen sowie unseren Alltag umzugestalten und zu verbessern. Ich selbst bemühe mich um eine ausgewogene Work-Life-Balance, indem ich versuche, ein ausgeglichenes Verhältnis zwischen Arbeit und Privatleben zu schaffen. Damit das gelingt, mache ich mir für jeden Tag einen Plan, der nicht nur die Aufgaben bei der Arbeit auflistet, sondern auch die, die im Haushalt anfallen. Alles, vom Mittagessenkochen für die Kinder bis hin zum Wäschewaschen, steht in meinem Terminplan. Wenn ich gleich zu Beginn des Tages vor Augen habe, wie ich mir die Zeit einteilen und was ich alles erledigen will, fällt es mir leichter, die Balance zu halten. Schreiben Sie sich für jeden Tag auf, was Sie sowohl beruflich als auch privat erledigen wollen, damit nicht ein Aspekt dominiert.

Besonders in sehr stressigen Zeiten ist es wichtig, sich auch um sich selbst zu kümmern – öffnen Sie jeden Morgen das Fenster und lüften Sie gründlich durch. Ich selbst entzünde jeden Tag ein Duftstäbchen, das meine Stimmung hebt und den Raum reinigt. (Wenn kleine Kinder im Haus sind, sollten Sie das natürlich nur an einem sicheren Ort tun.) Kleine Freuden im eigenen Zuhause zu entdecken und herauszufinden, was uns glücklicher macht, kann sehr motivierend sein und zu einem Gefühl von Stabilität und Ruhe beitragen.

Vorbereitungen treffen für ein gutes Arbeiten von zu Hause

Viele Leserinnen und Leser haben mir geschrieben, dass sie während der Lockdowns, als sie sehr viel Zeit zu Hause verbrachten, plötzlich auch einen sehr viel größeren Drang zum Aufräumen verspürten. Da wir derzeit vielen Veränderungen gleichzeitig ausgesetzt sind, rate ich jedoch dazu, in kleinen Schritten vorzugehen. Schon einen begrenzten Bereich aufzuräumen, wie beispielsweise den Ort, an dem Sie einen einzelnen Nachmittag verbringen, kann enorm helfen.

Fangen Sie damit an, Platz zu schaffen. Wenn Sie keinen abgetrennten Arbeitsbereich oder kein eigenes Arbeitszimmer haben, räumen Sie einfach einen Schreibtisch oder einen Teil eines anderen Tisches frei und erklären diesen zu Ihrem Büro. Räumen Sie allen unwichtigen persönlichen Kram zur Seite. Beginnen Sie, wenn irgend möglich, Ihren Arbeitstag nicht in Ihrem Schlafzimmer. Setzen Sie sich, auch wenn Sie keinen richtigen Schreibtisch haben, in einer aufrechten Position an den Küchentisch oder den Frühstückstresen.

Ich wähle für meinen Arbeitsplatz immer einen Gegenstand aus, der mir besonders viel Freude bereitet. Manchmal hole ich sogar ein Bild aus dem

Wohnzimmer, um es beim Arbeiten immer vor Augen zu haben. Außerdem steht, egal zu welcher Jahreszeit, immer eine Blume auf meinem Schreibtisch. Normalerweise bringe ich sie der Einfachheit halber mit, wenn ich ohnehin beim Einkaufen bin. Aber wenn gerade Blumen in unserem Vorgarten blühen, pflücke ich mir oft auch dort welche.

Ein anderer Gegenstand, den ich gerne auf meinem Schreibtisch liegen habe, ist ein hellbraunes Notizbuch. Es hilft mir, meine Aufgaben zu strukturieren: Was kann ich delegieren? Worum muss ich mich sofort selbst kümmern?

Das mag nach Luxus klingen, aber in stressigen Zeiten kann ein schöner Gegenstand aus einem angenehmen Material die Stimmung entscheidend heben und uns neue Energie für unseren Arbeits- und Familienalltag geben.

Praktische Tipps für den Alltag

1. Besprechen Sie zu Beginn des Tages oder der Woche mit Ihrem Partner Ihre beruflichen Verpflichtungen und versuchen Sie, gerecht aufzuteilen, wer wann welche Aufgaben im Haushalt übernimmt.
2. Gönnen Sie sich eine «tägliche Freude», wie beispielsweise ein Telefonat mit einem Freund oder einer Freundin oder einen Moment der Ruhe. Für mich kann das ein Spaziergang sein oder Blumen im Haus zu verteilen. So haben Sie etwas, auf das Sie sich freuen können, egal, was an diesem Tag sonst noch passiert.
3. Packen Sie, wenn Sie keinen eigenen Arbeitsplatz haben und sich mit dem Esstisch begnügen müssen, Ihre Arbeitsmaterialien am Ende des Tages in eine Schachtel und heften Sie Ihre Papiere in einem Ordner ab. Das erleichtert das Abschalten. Aufzuräumen gibt uns das Gefühl, die Kontrolle über unser direktes Umfeld zu haben, auch wenn wir das, was in der Welt geschieht, nicht kontrollieren können.

4. Rituale sind in unsicheren Zeiten besonders wichtig, denn oft fehlen uns gewohnte Orientierungspunkte, wie z. B., morgens unsere Arbeitskleidung anzuziehen und ins Büro zu gehen. Zünden Sie eine Kerze an, verteilen Sie einen Spritzer ätherisches Öl oder machen Sie eine einfache Gymnastikübung – irgendetwas, das den Beginn Ihres Arbeitstages markiert und mit dem Sie Ihrem Körper zu verstehen geben, dass Sie nun in einen anderen Gang schalten.
5. Auch in schweren Zeiten ist es wichtig, dankbar zu sein – beispielsweise für die vielen Stunden, die wir sparen, weil wir nicht ins Büro pendeln müssen, oder dafür, dass wir uns ohne die Unterbrechungen durch Kollegen besser auf unsere Arbeit konzentrieren können.
6. Legen Sie Pausen fest. Schalten Sie die Benachrichtigungsfunktion Ihres E-Mail-Programms aus. Forschungen haben ergeben, dass es jedes Mal ganze sechsundzwanzig Minuten dauert, bis wir gedanklich wieder dort sind, wo wir unterbrochen wurden. Gehen Sie Ihre E-Mails lieber ein paarmal am Tag gesammelt durch.
7. Wer von zu Hause arbeitet, vergisst leicht die Zeit. Legen Sie einen fixen Zeitpunkt für eine Kaffee- oder Arbeitspause fest und verlassen Sie, wenn Sie Pause machen, Ihren Arbeitsplatz.
8. Halten Sie Ihren Arbeitsplatz in Ordnung. So können Sie sich besser auf Ihre Arbeit konzentrieren und vergeuden keine Zeit damit, nach Ihren Sachen zu suchen.
9. Legen Sie Ihr Handy in eine Schublade.
10. Bewahren Sie Snacks außer Reichweite auf.
11. Erstellen Sie, wenn Sie Kinder haben, auch für diese einen Zeitplan.
12. Informieren Sie Ihre Familie über Ihre Termine und wann Sie arbeiten wollen.
13. Weisen Sie unordentlichen Familienmitgliedern – ohne diese zu kritisieren – einen Platz zu und konzentrieren Sie sich darauf, Ihren eigenen Arbeitsplatz in Ordnung zu halten.

14. Räumen Sie Ihre Schubladen auf und arbeiten Sie mit dem, was Sie in der aktuellen Situation zu Hause haben.

Tägliche Gebrauchsgegenstände

Nehmen Sie sich die Zeit, sich mit Dingen, die Sie tagtäglich benutzen, näher zu befassen, und gestalten Sie Ihren Arbeitsplatz dadurch kreativer und angenehmer.

Achten Sie darauf, nur mit Gegenständen zu arbeiten, die Sie wirklich lieben. Jetzt haben Sie die Gelegenheit, Stifte auszuwählen, die Sie mögen und die nicht einfach nur Mittel zum Zweck sind. Entscheiden Sie sich bei der Auswahl der Büromaterialien, die Sie für Ihre tägliche Arbeit brauchen, wie Stiftehalter, Schere oder Klebeband, nur für solche, die Ihnen wirklich gut gefallen. Anstatt einfach nur schnell ein paar neue Sachen zu kaufen, rate ich Ihnen, nach Objekten Ausschau zu halten, die Ihnen, wenn Sie sie ansehen oder berühren, Freude bereiten.

Ich habe immer gerne ein schönes Notizbuch auf dem Schreibtisch liegen, in dem ich meine Gedanken und Ideen notiere. Es kann sehr beruhigend und effizient sein, alles, was einem so durch den Kopf geht, zu Papier zu bringen.

Überlegen Sie, bevor Sie etwas kaufen, ob diese Dinge Ihnen an Ihrem Arbeitsplatz zu Hause auch wirklich Freude bereiten oder ob Sie sie nur kaufen, weil Sie glauben, sie zu brauchen. Das zu unterscheiden ist wichtig, weil wir insbesondere in schwierigen Zeiten zu Unsicherheit neigen. Nehmen Sie sich die Zeit zu überprüfen, was Sie bereits zu Hause haben, und entscheiden Sie dann in aller Ruhe, was Sie anschaffen möchten.

Wofür wir dankbar sein können

1. Arbeiten von zu Hause macht das Kochen für die Familie und gemeinsame Mahlzeiten einfacher.
2. Auch wenn wir es kaum erwarten können, bis endlich wieder alles «normal» ist, tut es gut, sich Gedanken zu machen, ob wir vorher wirklich glücklicher waren oder nur zu beschäftigt, um über Veränderungen nachzudenken.
3. Versuchen Sie, die Welt aus einem Blickwinkel zu sehen, der hervorhebt, was Sie alles haben, anstatt sich nur auf das zu konzentrieren, was Ihnen fehlt.

Der Wechsel in eine «neue Normalität»

Und wie finden wir die Freude wieder, wenn wir in unsere Büros zurückkehren? Vielleicht sollten wir nicht immer noch mehr Freude und noch größeres Glück erwarten und uns stattdessen den kleinen Dingen im Leben zuwenden.

Dankbarkeit kann unser Leben entscheidend verändern. Vielleicht gelingt es Ihnen, das persönliche Zusammensein mit Kollegen und ein persönliches Gespräch wieder mehr zu schätzen. Vielleicht inspiriert Sie das Arbeiten mit anderen Menschen wieder zu neuen Ideen.

Aber was Sie auf jeden Fall mitnehmen sollten, wenn Sie an Ihren Arbeitsplatz zurückkehren: Jetzt ist der richtige Zeitpunkt aufzuräumen! Für viele Menschen war die Zeit zu Hause eine willkommene oder auch notwendige Gelegenheit für einen Neuanfang, und viele werden einen solchen auch an ihrem Arbeitsplatz brauchen. Bewerten Sie neu, welche Besprechungen tatsächlich notwendig sind. Meetings, Aufgabenverteilung und Entscheidungsfindungen nehmen sehr viel mentalen Raum in

Anspruch. Vielleicht denken Sie, wenn Sie es nicht ohnehin schon tun, darüber nach, immer mal wieder im Homeoffice zu arbeiten, weil Ihnen die Arbeit so mehr Freude bereitet.

Oft hilft es, sich bewusst zu machen, welche Dinge uns Freude machen. Manches bereitet uns unmittelbar bei der Rückkehr an den Arbeitsplatz Freude, wie zum Beispiel das Wiedersehen mit den Kollegen – eventuell kommt sogar die gesamte Firma zusammen, oder es wird eine Party gefeiert. Manches erleichtert uns auch einfach nur den Arbeitsalltag und hat eventuell eine positive Wirkung auf unsere Leistungen, wie beispielsweise eine funktionierende Poststelle, das Surren der Drucker in den Büros, die geräumigen und ruhigen Besprechungsräume oder die ausgezeichnete WLAN-Verbindung.

Und zu guter Letzt sollten wir auch zukünftige Freuden nicht vergessen, all die neuen Möglichkeiten, die unsere Karrierepläne vorantreiben können. So fällt es Ihnen, wenn Sie wieder im Büro arbeiten, vielleicht leichter, Kontakte zu pflegen, Netzwerke zu bilden oder einen Mentor zu finden.

Zum Schluss

Egal, ob Sie von zu Hause arbeiten oder im Büro oder beides, versuchen Sie, dankbar zu sein, und konzentrieren Sie sich auf das, was Sie erreicht haben, anstatt sich wegen der Dinge zu sorgen, die Ihnen weniger gut gelungen sind. Vielleicht fällt Ihnen eine Sache ein, die Sie geschafft haben und die einen positiven Einfluss auf jemand anderen hatte.

Die Unsicherheit dieser Pandemie ist eine große emotionale Herausforderung. Jedes Mal, wenn ich merke, dass meine Gefühle mal wieder mit mir durchgehen, und ich negativ bin oder wütend oder gar verzweifelt und traurig, versuche ich, mir bewusst zu machen, was diese Gefühle auslöst, indem ich alles in ein Notizbuch, auf einen Block oder einfach nur auf ein großes Blatt Papier schreibe. Ich möchte verstehen, woher meine Gefühle kommen, damit ich besser mit ihnen umgehen kann. Sobald ich weiß, weshalb mich etwas verärgert, ist es einfacher, dieses Gefühl in Worte zu fassen, und das wiederum wirkt beruhigend und hilft mir loszulassen. Ich glaube, am meisten Angst macht es uns, wenn wir nicht wissen, warum wir fühlen, was wir fühlen. Daher kann es eine große Hilfe sein, wenn wir uns unserer Gefühle bewusst sind.

Denken Sie darüber nach, was Ihnen Freude bereitet. Nutzen Sie die Gelegenheit, um frühere Entscheidungen zu überdenken und neue für die Zukunft zu treffen. Seien Sie dankbar für diese Zeit, in der Sie sich über Ihre beruflichen Ziele Gedanken machen können. Überlegen Sie, was Ihnen an Ihrer Arbeit am meisten Freude bereitet, und entwickeln Sie daraus neue Perspektiven für die Zukunft.

Danksagungen

Danksagung Marie Kondo

In Interviews sagen Journalisten oft zu mir: «Ich bin sicher, in Ihrem Leben gibt es nichts, das Ihnen keine Freude bereitet.» Jahrelang konnte ich nicht zugeben, dass das in meinem Arbeitsleben nicht immer der Fall ist.

Magic Cleaning – Wie richtiges Aufräumen Ihr Leben verändert erschien 2010 in Japan. Damals war ich noch in den Zwanzigern, und weil es meine Mission war, durch Aufräumen Freude zu verbreiten, glaubte ich tief in meinem Inneren, die immer glückliche Marie sein zu müssen. Mein ideales Arbeitsleben stellte ich mir so vor, dass ich die langweiligen Jobs wegließ und nur das tat, was ich liebte und was mir umgehend Freude bereitete. Ich dachte, Arbeiten müsste immer und überall Spaß machen.

Während ich an meinem Buch schrieb und damit auf Promotion-Tour war, habe ich meine Arbeit tatsächlich auch sehr genossen. Es war neu und interessant, Interviews für Zeitschriften und im Fernsehen zu geben und Vorträge vor großem Publikum zu halten. Voller Freude verfolgte ich, wie die Verkaufszahlen meines Buchs täglich höher kletterten. Aber diese uneingeschränkte Begeisterung hielt nur so lange vor, bis ich meine Karriere nicht mehr alleine vorantreiben konnte.

Das Buch verkaufte sich immer besser. Die Verkaufszahl wuchs auf eine Million Exemplare an, dann auf zehn Millionen. Die KonMari-Methode wurde auch in anderen Teilen der Welt bekannt, und das *Time Magazine* setzte mich auf die Liste der 100 einflussreichsten Personen. Ich zog in die Vereinigten Staaten, gründete unser Unternehmen, drehte eine Netflix-Serie, die in 190 Ländern ausgestrahlt wurde, und durfte sowohl bei der Oscar-Verleihung als auch bei der Emmy-Preisverleihung über den roten Teppich gehen. Aber als mein berufliches Netzwerk immer größer wurde und die Zahl der Aufträge anfing, meine Wünsche und Möglichkeiten zu übersteigen, wurden der Druck und der Stress so groß, dass mein Beruf mir nicht immer Freude bereitete.

Nach und nach habe ich gelernt, mit der Situation umzugehen, und fühle mich inzwischen sehr wohl, wenn ich in der Öffentlichkeit stehe. Um so weit zu kommen, musste ich jedoch zahlreiche Schwierigkeiten meistern, einerseits im Kontakt mit anderen und andererseits beim Überbrücken der Kluft zwischen Ideal und Realität. Dieses Buch zu schreiben war eine gute Gelegenheit, meinen beruflichen Weg mit seinen Hochs und Tiefs Revue passieren zu lassen, meine Fehler zu analysieren und zu erkennen, dass Arbeit nicht nur eine Möglichkeit ist, seine Familie zu ernähren und einen Beitrag zur Gesellschaft zu leisten, sondern auch eine Chance, zu wachsen und sich weiterzuentwickeln.

In den vergangenen zehn Jahren wurde mir auch zunehmend bewusst, wie wertvoll die Zusammenarbeit mit anderen ist. Davor dachte ich, meinen Erfolg hätte ich nur mir alleine zuzuschreiben. Heute bin ich bescheidener und sehr dankbar für unsere zahlreichen phantastischen Mitarbeiter in Japan und den USA, für unsere Geschäftspartner, die mit uns an den unterschiedlichsten Projekten arbeiten, für die weltweit aktiven KonMari-Beraterinnen und -Berater sowie die vielen Fans der KonMari-Methode, die sich unsere Philosophie zu eigen gemacht haben. Wenn auch ein wenig spät, habe ich «durch die Arbeit» gelernt, dass jeder berufliche Erfolg auf gemeinsamen Anstrengungen und der Zusammenarbeit mit anderen basiert.

Die Vision unseres Unternehmens ist, die Welt aufzuräumen – so vielen

Menschen wie nur möglich dabei zu helfen, Ordnung in ihr Leben zu bringen und herauszufinden, was sie glücklich macht, sodass auch ihr Leben Freude entfacht. Wir möchten, dass unsere Vision sich auf dem gesamten Globus verbreitet. Das mag utopisch klingen, aber wir sind zuversichtlich, dieses Ziel eines Tages zu erreichen. Ich habe zwei Jahrzehnte gebraucht, um die KonMari-Methode zu entwickeln, und ebenso engagiert arbeiten wir auch an der schrittweisen Verwirklichung unserer Vision, ganz gleich, wie lange es dauern wird. *Joy at Work* ist ein großer Schritt auf dem Weg zu diesem Traum.

Allen, die an diesem Projekt beteiligt waren, bin ich zutiefst dankbar, insbesondere Scott, meinem Co-Autor, Tracy, unserer Lektorin, und Neil, unserem Agenten, sowie allen Klienten, die ihre Aufräumgeschichten mit uns geteilt haben. Ich danke meinem Mann Takumi, dessen uneingeschränkte berufliche und persönliche Unterstützung von unschätzbarem Wert für mich ist, und meiner Familie. Ich wünsche allen, die sich entschieden haben, dieses Buch zu lesen, ein Arbeitsleben, das Freude bereitet. Und wenn Scott und ich mit dem, was wir hier geteilt haben, dazu beitragen können, würde mich das sehr glücklich machen.

Danksagung Scott Sonenshein

Bei all der Zeit und Energie, die wir in unsere Arbeit stecken, kann und sollte sie uns Freude machen. Daher hoffe ich sehr, dass die Forschungsergebnisse, Geschichten und Anregungen, die wir hier vorgestellt haben, Ihnen helfen werden, die Veränderungen in Ihrem Arbeits- und Privatleben zu erreichen, die Sie verdienen. Als Marie mich zum ersten Mal kontaktierte, um mehr über mich zu erfahren, hätte ich mir nie vorgestellt, einmal mit ihr gemeinsam ein Buch zu schreiben und damit die Chance zu bekommen, so vielen Menschen zu einem glücklicheren, sinnvolleren, beherrschbaren und schlicht gesünderen Arbeitsleben zu verhelfen. Für mich, der ich seit fast zwei Jahrzehnten zu dem Thema, wie sich Arbeit verbessern lässt, forsche, andere berate und unterrichte, ist ein Traum wahr geworden. Ich bin Marie zutiefst dankbar, dass sie diese Reise mit mir gemeinsam angetreten ist.

Mein Dank gilt sehr vielen Menschen, aber zuallererst meiner Frau Randi, deren kluger Rat jedes einzelne Wort, das ich geschrieben habe, besser gemacht hat. Ihre Unterstützung und Ermutigungen haben mir nicht nur ermöglicht, dieses Buch überhaupt zu realisieren, sondern auch dafür gesorgt, dass das Schreiben eine wahre Freude war. Mit ihr an meiner Seite diese Erfahrung zu machen hat uns einander noch näher gebracht – und das ist ein Geschenk, das weit über diese Seiten hinausgeht.

Amber Szymczyk und Jessica Yi, zwei großartige wissenschaftliche Mitarbeiterinnen, haben für die passenden Interviewpartner gesorgt, geholfen, überzeugende Beispiele zu finden, und Studien durchgeführt. Mein Dank gilt Kristen Schwarz, die uns auf hilfreiche Forschungen aufmerksam gemacht hat, und Derren Barken für sein Feedback zu digitalem Aufräumen.

Danke Adam Grant, der mich mit Maries Team verkuppelte, indem er ihm meine Arbeit vorstellte.

Jedes Buch braucht einen Champion, und diese Rolle hat mein Agent Richard Pine, der meine Ideen mit seinen wohlwollenden Kommentaren voranbrachte und durch seine Überarbeitungen klarer machte, hervorragend ausgefüllt. Ohne sein fundiertes Urteil und seine treffenden Ratschläge wäre dieses Buch niemals fertig geworden.

Meine Bewunderung und Anerkennung gilt Tracy Behar und ihrem kompletten Team von *Little, Brown Spark*, unter anderen Jess Chun, Jules Horbachevsy, Sabrina Callahan, Lauren Hesse und Ian Straus. Tracy hat mit ihrem scharfen Lektorinnenblick und ihrer Engelsgeduld dieses Buch über die Ziellinie – und noch weit darüber hinaus – gebracht.

Es ist für mich ein unglaublich großes Glück, die Unterstützung meiner Kollegen an der Rice University zu haben. Mikki Hebl und Claudia Kolker lieferten wertvolle Kommentare zum gesamten Manuskript, und Jon Mikes steuerte seine großartigen Erkenntnisse über Teams bei. Der Verwaltung der Business School, an der ich arbeite, bin ich sehr dankbar für ihren Rückhalt, insbesondere Dean Peter Rodriguez und dem kompletten Marketing-Team, unter anderen Kathleen Clark, Kevin Palmer und Weezie Mackey. Ein extra Dankeschön an Laurel Smith und Saanya Bhargava für ihre Hilfe mit den sozialen Medien und an Jeff Falk für seine Unterstützung bei der Werbung. Nichts bereitet mehr Freude, als so wunderbare Kollegen zu haben.

Anmerkungen

Kapitel 1 | Warum aufräumen?

1 OfficeMax 2011, 2011 Workspace Organization Survey, http://multivu.prnewswire.com/mnr/officemax/46659/docs/46659NewsWorthy_Analysis.pdf (aufgerufen am 11.10.2017).

2 Saxbe, D.E. & Repetti, R., «No place like home: Home tours correlate with daily patterns of mood and cortisol», in: *Personality and Social Psychology Bulletin* 36, Nr. 1 (2010), S. 71–81.

3 Kastner, S. & Ungerleider, L.G., «Mechanisms of visual attention in the human cortex», in: *Annual Review of Neuroscience* 23 (2000), S. 315–341.

4 Brother International (2010), Weißbuch, *The Costs Associated with Disorganization,* http://www.brother-usa.com/ptouch/meansbusiness/ (aufgerufen am 9.10.2017).

5 Morrow, P.C. & McElroy, J.C., «Interior office design and visitor response: A constructive replication», in: *Journal of Applied Psychology* 66, Nr. 5 (1981), S. 646–650; Campbell, D., «Interior office design and visitor response», in: *Journal of Applied Psychology* 64, Nr. 6 (1979), S. 648–653.

6 Vohs, K.D., Redden, J.P. & Rahinel, R., «Physical order produces healthy choices, generosity, and conventionality, whereas disorder produces creativity», in: *Psychological Science* 24, Nr. 9 (2013), S. 1860–1867.

7 Kastner, S. & Ungerleider, L.G., «Mechanisms of visual attention in the human cortex», in: *Annual Review of Neuroscience* 23 (2000), S. 315–341.

8 Belk, R., Yong Seo, J. & Li, E., «Dirty little secret: Home chaos and professional organizers», in: *Consumption Markets & Culture* 10 (2007), S. 133–140.

9 Raines, A.M., Oglesby, M.E., Unruh, A.S., Capron, D.W. & Schmidt, N.B., «Perceived control: A general psychological vulnerability factor for hoarding», in: *Personality and Individual Differences* 56 (2014), S. 175–179.

10 Workfront, in: *The State of Enterprise Work Report, U.S. Edition* (2017–2018), https://resources.workfront.com/ebooks-whitepapers/2017-2018-state-of-enterprise-work-report-u-s-edition (aufgerufen am 11.10.2017).

11 Deal, J.J., Weißpapier, in: *Always On, Never Done? Don't Blame the Smartphone*. Center for Creative Leadership (2015).

12 https://www.centrify.com/resources/5778-centrify-password-survey-summary, (aufgerufen am 04.05.2018).

13 Erwin, J., «Email overload is costing you billions – Here's how to crush it», in: *Forbes* (29.05.2014).
14 Perlow, L. A., Hadley, C. N. & Eun, E., «Stop the meeting madness», in: *Harvard Business Review,* https://hbr.org/2017/07/stop-the-meeting-madness (Juli–Aug. 2017).
15 https://en.blog.doodle.com/state-of-meeting-2019 (aufgerufen am 08.12.2019).

Kapitel 2 | Wenn Sie immer wieder im Chaos versinken

1 Averill, J. R., «On the paucity of positive emotions», in: Blankstein, K. R., Pliner, P., Polivy, J. (Hg.), *Assessment and Modification of Emotional Behavior. Advances in the Study of Communication and Affect*, Bd. 6, Boston, MA, 1980.

Kapitel 3 | Ordnung schaffen am Arbeitsplatz

1 Winterich, K. P., Reczek, R. W., & Irwin, Julie R.,»Keeping the memory but not the possession: Memory preservation mitigates identity loss from product disposition», in: *Journal of Marketing* 81, Nr. 5, S. 104 – 120.

Kapitel 4 | Digitale Daten aufräumen

1 Bergman, O., Whittaker, S., Sanderson, M., Nachmias, R., Ramamoorthy, A., «The effect of folder structure on personal file navigation», in: *Journal of the American Society for Information Science and Technology* 61, Nr. 12 (2010), S. 2426–2441.
2 Dewey, C., «How many hours of your life have you wasted on work email? Try our depressing calculator», in: *Washington Post* (03.10.2016).
3 Workfront, in: *The State of Enterprise Work Report: U.S. Edition* (2017–2018), https://resources.workfront.com/ebooks-whitepapers/2017-2018state-of-enterprise-work-report-u-s-edition (aufgerufen am 10.11.2017).
4 Mark, G., Iqbal, S. T., Czerwinski, M., Johns, P., Sano, A., Lutchyn, Y. (Mai 2016), «Email duration, batching and self-interruption: Patterns of email use on productivity and stress», in: *Proceedings of the 2016 CHI Conference on Human Factors in Computing Systems*, New York 2016, S. 1717–1728.
5 Whittaker, S., Sidner, C., «Email overload: Exploring personal information management of email», in: *Proceedings of CHI '96*, New York 1996, S. 276–283.
6 Iqbal, S. T., Horvitz, E., «Disruption and recovery of computing tasks: Field study, analysis, and directions», in: *Proceedings of the SIGCHI Conference on Human Factors in Computing Systems*, New York 2007.
7 Bälter, O., «Keystroke level analysis of email message organization», in: *Proceedings of the CHI 2000 Conference on Human Factors in Computing Systems*, New York 2000.

8 Ebd., S. 105–112.
9 Andrews, S., Ellis, D. A., Shaw, H., Piwek, L., «Beyond self-report: Tools to compare estimated and real-world smartphone use», in: *PloS One* 10, Nr. 10 (2015), e0139004.
10 Ward, A. F., Duke, K., Gneezy, A., Bos, M. W, «Brain drain: The mere presence of one's own smartphone reduces available cognitive capacity», in: *Journal of the Association for Consumer Research* 2, Nr. 2, 2017, S. 140–154.
11 Glass, A. L., Kang, M., «Dividing attention in the classroom reduces exam performance», in: *Educational Psychology* 39, Nr. 3, 2018, S. 395–408.
12 https:///blog/cell-phone-usage-in-toilet-survey#jump1 (aufgerufen am 06. 11. 2019).

Kapitel 5 | Zeit richtig einteilen

1 Workfront, in: *The State of Enterprise Work Report, U. S. Edition* (2017–1018), https://resources.workfront.com/ebooks-whitepapers/2017-2018-state-of-enterprise-work-report-u-s-edition (aufgerufen am 10. 11. 2017).
2 Hsee, C. K., Zhang, J., Cai, C. F., Zhang, S., «Overearning», in: *Psychological Science* 24 (2013), Nr. 6, S. 852–859.
3 Mintzberg, H., «The Nature of Managerial Work», New York 1973.
4 Guest, R. H., «Of time and the foreman», in: *Personnel* 32 (1956), S. 478–486.
5 Stewart, R., «Managers and Their Jobs», London 1967.
6 ABC News, «Study: U. S. Workers Burned Out», http://abcnews.go.com/US/story?id=93295&page=1 (aufgerufen am 10. 11. 2017).
7 Zhu, M., Yang, Y., Hsee, C. K., «The mere urgency effect», in: *Journal of Consumer Research* 45, Nr. 3 (Oktober 2018), S. 673–690.
8 http://www.apa.org/research/action/multitask.aspx (aufgerufen am 08. 08. 2018).
9 Mark, G., Iqbal, S. T., Czerwinski, M., Johns, P., Sano, A., «Neurotics can't focus: An in situ study of online multitasking in the workplace», in: *Proceedings of the 2016 CHI Conference on Human Factors in Computing Systems* (Mai 2016), New York, S. 1739–44.
10 Ophir, E., Nass, C., Wagner, A. D., «Cognitive control in media multitaskers», in: *Proceedings of the National Academy of Sciences of the United States of America* 106, Nr. 37 (2009), S. 15583–87.
11 Rubinstein, J. S., Meyer, D. E., Evans, J. E., «Executive control of cognitive processes in task switching», in: *Journal of Experimental Psychology: Human Perception and Performance* 27, Nr. 4 (2001), S. 763.
12 Sanbonmatsu, D. M., Strayer, D. L., Medeiros-Ward, N., Watson, J. M., «Who multitasks and why? Multi-tasking ability, perceived multi-tasking ability, impulsivity, and sensation seeking» in: *PloS One* 8, Nr. 1 (2013), e54402.
13 Mangen, A., «Textual reading on paper and screens», in: Black, A., Luna, P., Lund, O., Walker, S. (Hg.), «Information Design: Research and Practice», New York 2017, S. 275–289.
14 O'Brien, Katharine Ridgway, «Just Saying ‹No›: An Examination of Gender Differences in the Ability to Decline Requests in the Workplace», PhD Dissertation, Rice University, 2014, https://hdl.handle.net/1911/77421 (aufgerufen am 12. 11. 2019).

15 Wrzesniewski, A., Dutton, J. E., «Crafting a job: Revisioning employees as active crafters of their work», in: *Academy of Management Review* 26, Nr. 2 (2001), S. 179–201.
16 Jett, Q. R., George, J. M., «Work interrupted: A closer look at the role of interruptions in organizational life», in: *Academy of Management Review* 28, Nr. 3 (2003), S. 494–507.
17 Csíkszentmihályi, M., Sawyer, K., «Creative insight: The social dimension of a solitary moment», in: Sternberg, R. J., Davidson, J. E. (Hg.), *«The Nature of Insight»*, Cambridge 1995, S. 329–363.
18 Elsbach, K. D., Hargadon, A. B., «Enhancing creativity through «mindless» work: A framework of workday design», in: *Organization Science* 17, Nr. 4 (2006), S. 470–83.

Kapitel 6 | Entscheidungen strukturieren

1 https://go.roberts.edu/leadingedge/the-great-choices-of-strategic-leaders (aufgerufen am 22. 08. 2018).
2 https:///talks/sheena_iyengar_choosing_what_to_choose/transcript (aufgerufen am 22. 08. 2018).
3 https://www.entrepreneur.com/article/244395 (aufgerufen am 09. 7. 2018).
4 Iyengar, S. S., Lepper, M. R., «When choice is demotivating: Can one desire too much of a good thing?», in: *Journal of Personality and Social Psychology* 79, Nr. 6 (2000), S. 995–1006.
5 Scheibehenne, B., Greifeneder, R., Todd, P. M., «Can there ever be too many options? A meta-analytic review of choice overload», in: *Journal of Consumer Research* 37, Nr. 3 (2010), S. 409–425.
6 Chernev, A., «Product assortment and individual decision processes», in: *Journal of Personality and Social Psychology* 85, Nr. 1 (2003), S. 151–62.
7 Staw, B. M., «The escalation of commitment to a course of action», in: *Academy of Management Review* 6, Nr. 4 (1981), S. 577–587.

Kapitel 7 | Netzwerke entrümpeln

1 Roberts, G. B., Dunbar, R. M., Pollet, T. V. & Kuppens, T., «Exploring variation in active network size: Constraints and ego characteristics», in: *Social Networks* 31, Nr. 2 (2009), S. 138–146.
2 Hill, R. A. & Dunbar, R. I., «Social Network size in humans», in: *Human Nature* 14 (2003), S. 53–72.
3 https://arxiv.org/abs/0812.1045 (aufgerufen am 28. 08. 2018).
4 Kross, E., Verduyn, P., Demiralp, E. et al., «Facebook use predicts declines in subjective well-being in young adults», in: *PLoS One* 8, Nr. 8 (14. 08. 2013). S. e69841; Lee, S. Y., «How do people compare themselves with others on social network sites? The case of Facebook», in: *Computers in Human Behavior* 32, (März 2014), S. 253–260.

5 Stephens, J. P., Heaphy, E. & Dutton, J. E., «High-quality connections», in: Cameron, Kim S. (Hg.), *The Oxford Handbook of Positive Organizational Scholarship*, New York 2011, S. 385–399; Dutton, J. E., *Energize Your Workplace: How to Create and Sustain High-Quality Connections at Work*, San Francisco 2006.
6 Dutton, J. E., «Build high-quality connections», in: Dutton, J. E. & Spreitzer, G. M. (Hg.), *How to Be a Positive Leader: Small Actions, Big Impact*, San Francisco 2014, S. 11–21.
7 Mainemelis, C. & Ronson, S., «Ideas are born in fields of play: Towards a theory of play and creativity in organizational settings», in: *Research in Organizational Behavior* 27 (2006), S. 81–131.

Kapitel 8 | Meetings verbessern

1 Rogelberg, S. G., Allen, J. A., Shanock, L., Scott, C. & Shuffler, M., «Employee satisfaction with meetings: A contemporary facet of job satisfaction», in: *Human Resource Management* 49, Nr. 2 (2010), S. 149–172.
2 Workfront (2017–2018), *The State of Enterprise Work Report: U. S. Edition*. https://resources.workfront.com/ebooks-whitepapers/2017-2018state-of-enterprise-work-report-u-s-edition (aufgerufen am 11. 10. 2017).
3 Lehmann-Willenbrock, N., Allen, J. A. & Belyeu, D., «Our love/hate relationship with meetings: Relating good and bad meeting behaviors to meeting outcomes, engagement, and exhaustion», in: *Management Research Review* 39, Nr. 10 (2016), S. 1293–1312.
4 Langer, E. J., Blank, A. & Chanowitz, B., «The mindlessness of ostensibly thoughtful action: The role of ‹placebic› information in interpersonal interaction», in: *Journal of Personality and Social Psychology* 36, Nr. 6 (1978), S. 635–642.
5 Tamir, D. I. & Mitchell, J. P., «Disclosing information about the self is intrinsically rewarding», in: *Proceedings of the National Academy of Sciences* 109, Nr. 21 (2012), S. 8038–8043.
6 Kauffeld, S. & Lehmann-Willenbrock, N., «Meetings matter: Effects of team meetings on team and organizational success», in: *Small Group Research* 43, Nr. 2 (2012), S. 130–158.
7 Smith, K. G., Smith, K. A., Olian, J. D., Sims jr., H. P., O'Bannon, D. P. & Scully, J. A., «Top management team demography and process: The role of social integration and communication», in: *Administrative Science Quarterly* 39, Nr. 3 (1994), S. 412–438.
8 Karr-Wisniewski, P. & Lu, Y., «When more is too much: Operationalizing technology overload and exploring its impact on knowledge worker productivity», in: *Computers in Human Behavior* 26 (2010), S. 1061–1072.
9 Kerr, N. L. & Tindale, R. S., «Group performance and decision making», in: *Annual Review of Psychology* 55 (2004), S. 623–655.
10 Luong, A. & Rogelberg, S. G., «Meetings and more meetings: The relationship between meeting load and the daily well-being of employees», in: *Group Dynamics: Theory, Research, and Practice* 9, Nr. 1 (2005), S. 58–67.

11 Knight, A. P. & Baer, M., «Get up, stand up: The effects of a non-sedentary workspace on information elaboration and group performance», in: *Social Psychological and Personality Science* 5, Nr. 8 (2014), S. 910–917.

12 Taparia, N., «Kick the chair: How standing cut our meeting times by 25 %», in: *Forbes* (19.06.2014).

Kapitel 9 | Teams gestalten

1 Wrzesniewski, A. & Dutton, J. E., «Crafting a job: Revisioning employees as active crafters of their work», in: *Academy of Management Review* 26, Nr. 2 (2001), S. 179–201.

2 Harvey, S., Kelloway, E. K. & Duncan-Leiper, L., «Trust in management as a buffer of the relationships between overload and strain», in: *Journal of Occupational Health Psychology* 8, Nr. 4 (2003), S. 306.

3 Dirks, K. T., «The effects of interpersonal trust on work group performance», in: *Journal of Applied Psychology* 84, Nr. 3 (1999), S. 445–455.

4 Gigone, D. & Hastie, R., «The common knowledge effect: Information sharing and group judgment», in: *Journal of Personality and Social Psychology* 65, Nr. 5 (1993), S. 959–974.

5 Stasser, G. & Titus, W., «Pooling of unshared information in group decision making: Biased information sampling during discussion», in: *Journal of Personality and Social Psychology* 48, Nr. 6 (1985), S. 1467–1478.

6 Van Gundy, A. B., «Brainwriting for new product ideas: An alternative to brainstorming», in: *Journal of Consumer Marketing* 1, Nr. 2 (1984), S. 67–74.

7 Simons, T. L. & Peterson, R. S., «Task conflict and relationship conflict in top management teams: The pivotal role of intragroup trust», in: *Journal of Applied Psychology* 85, Nr. 1 (2000), S. 102–111.

8 Weingart, L. R., Brett, J. M., Olekalns, M. & Smith, P. L., «Conflicting social motives in negotiating groups», in: *Journal of Personality and Social Psychology* 93, Nr. 6 (2007), S. 994–1010.

9 Hackman, J. R. & Vidmar, N., «Effects of size and task type on group performance and member reactions», in: *Sociometry* (1970), S. 37–54; Hackman, J. R., *Leading Teams: Setting the Stage for Great Performances*, Boston, Mass, 2002.

Kapitel 10 | Die Magie des Aufräumens teilen

1 Ramos, J. & Torgler, B., «Are academics messy? Testing the broken windows theory with a field experiment in the work environment», in: *Review of Law and Economics* 8(3) (2012), S. 563–577.

2 https://greatergood.berkeley.edu/images/uploads/GratitudeFullResults_FINAL1pdf.pdf (aufgerufen am 07.02.2020).

3 Fehr, R., Zheng, X., Jiwen Song, L., Guo, Y., & Ni, D. «Thanks for everything: A quasi-experimental field study of expressing and receiving gratitude», Working paper (2019).

Kapitel 11 | Wie Sie noch mehr Freude in Ihren Arbeitsalltag bringen

1 Baumeister, R. F., Bratslavsky, E., Finkenauer, C., & Vohs, K. D., «Bad is stronger than good», *Review of General Psychology* 5(4) (2001), S. 323–370.

2 Stoeber, J., Hutchfield, J., & Wood, K. V., «Perfectionism, self-efficacy, and aspiration level: Differential effects of perfectionistic striving and self-criticism after success and failure», in: *Personality and Individual Differences* 45(4) (2007), S. 323–327.